ネットオーディオのすすめ

高音質定額制配信を楽しもう

山之内　正　著

ブルーバックス

カバー写真／柏原　力
撮影協力／SOUNDCREATE
カバー装幀／五十嵐　徹（芦澤泰偉事務所）
もくじ・章扉デザイン／中山康子
図版／さくら工芸社

はじめに

　CDプレーヤーやアンプを探しに久しぶりに量販店を訪ねると、売場の風景が以前とは異なり、並んでいる商品の中に見慣れないものが増えていることに気付きます。ワイヤレスやネットワークなど、オーディオと関係なさそうな機能をアピールしていたり、ポータブルタイプのデジタルオーディオプレーヤーやヘッドフォン、イヤフォンの売場が広がっていたりと、なかなかホームオーディオのコーナーにたどり着けないことがあります。

　欲しいものが見つからず、今度はオーディオ専門店に足を運んでみると、CDプレーヤーやアンプ、スピーカーなど高級コンポーネントの展示を見つけて懐かしくなります。ところが、あるショップでは「これからはネットワークオーディオの時代です」と新しいコンポーネントを薦められ、別のショップでは昔ながらのCDプレーヤーしか置いていないなど、どうやらオーディオ専門店も迷っている様子が感じられます。

　ネットワーク全盛の現代、オーディオの世界も大きな変化の波にさらされ、ハードウェアも再生スタイルもこの20年ほどで大きく様変わりしました。変化のスピードが

速いので、しばらく距離を置いていたら**全体像がつかめな
く**なったという人も少なくないと思います。そんなオーディ
オファンのために、**現在のネットワークオーディオの状
況を整理し、スムーズに導入して便利に使いこなすための
方法を紹介する**ことが本書の目的です。

　オーディオのハードウェアに起きた変化の背景には、音
楽の聴き方の変化があります。

　最近サブスクという言葉を耳にする機会が増えました。
一定の料金を払うと映画などのコンテンツが見放題になっ
たり、なんらかのサービスが使い放題になったりするとい
うもので、定期購読を意味する「subscription（サブスク
リプション）」を略して「サブスク」と呼んでいるのです。

　音楽でも**聴き放題のストリーミングサービスに人気**があ
り、広告とセットなら無料で好きなだけ聴ける『Spotify
（スポティファイ）』や、プライム会員向けの割引が利用で
きる『アマゾン　ミュージック（Amazon Music)』などが
人気を集めています。

「聴き放題」という表現には強いインパクトがあります
が、いくら音楽が好きでも、一日中音楽を聴き続けること
はできません。音楽とともに過ごせる時間は限られている
ので、「聴いてよかった！」「また聴きたい！」と思えるよ
うな楽曲と出会えるかどうかが肝心です。そして、本書を
手に取った音楽ファンやオーディオファンなら「音楽はで
きるだけ良い音で聴きたい」と考えているはずです。

　スマートフォン、タブレットやパソコン、またはテレビ

4

はじめに

で『YouTube』を見るだけなら費用がかからず手軽です。聴き放題のストリーミングサービスもそこそこ良い音で楽しめるので、スマホとイヤホンがあれば特別なオーディオ機器は不要と考える人もいるでしょう。それこそがネットで音楽が聴けるようになった最大のメリットだ、という意見もあるかもしれません。

　その手軽な楽しみ方を否定するつもりはありませんが、インターネットで次から次へと動画を見ているうちに、自分の意志で動画を見ているというより「与えられたものを、単に消費しているに過ぎないのでは？」という疑問が浮かぶことはありませんか。音楽も同様です。しかも、スマホやタブレットなど手軽な端末の音質はあくまでそれなりのものでしかなく、記憶に刻み込まれる深い感動は期待できません。ハイファイグレードのスピーカーをつないだオーディオシステムと聴き比べれば、その違いは歴然としています。

　「サブスク」という言葉から受ける軽い印象のせいなのか、この種の音楽サービスも動画配信と同様、手軽さ優先で「音質はいまひとつなのでは？」と思いがちです。たしかに15年ほど前に欧州で『Spotify』のサービスが始まった時の音質は最低限のもので、音にこだわるオーディオファンが満足できるようなレベルではありませんでした。

　しかし、その後アップルやアマゾンなど巨大企業が音楽配信市場にサブスク形態で参入して競争が激化し、競争力を高めるための付加価値の一つとして音の良さをアピール

するようになるなど、状況が変わりました。各社が音質改善に取り組んだ結果、**CD同等の「ロスレス」やCDを上回る「ハイレゾ」での配信が着実に増えている**のです。いまやサブスクは「聴き放題のお得なサービス」の域を超え、量と質が両立したサービスに成長したので、今後は**音楽鑑賞の主役になる**という見方も強まっています。

　少し前まで音楽配信の世界ではロスレスやハイレゾでの配信は特別な存在で、一部のマニア向けという印象がありました。しかし、いまは高音質が当たり前。これからはロスレスやハイレゾを特別視する必要も意味もなくなり、高音質で聴けることが標準と誰もが考える時代を迎えることが予想されます。そうなると家庭で音楽を聴く時も、高音質の音楽配信がメインストリームになるという話がますます現実味を帯びてきます。

　現在サブスクの重要性が高まる一方で、再生環境に目を向けると高音質サービスの真価を引き出すにはまだ不十分な状況で、いまも発展途上と言わざるを得ません。特に**使い勝手の点では解決すべき問題が多く、再生機器の数が限られている**ことも課題です。従来のダウンロード型音楽配信に比べると導入しやすくなったとはいえ、ネットワーク機器の準備や最初の設定はまだハードルが高いと感じる人が多いと思います。

　複数の配信サービスのなかからどれを選べばいいのかという悩みもあります。特に、**サービスによって再生できる機器が決まってしまう**という制約があり、どのプレーヤー

はじめに

でもよいというわけではありません。本書では音楽の好み
や聴き方に沿って、まず最適な配信サービスを選び、その
サービスに適した再生機器の選び方や最適な設定方法を探
っていくという順でネットオーディオへの道案内をしてい
きます。

今後はストリーミング方式の音楽配信が主流になる気配
が濃厚ですが、アルバム単位や曲単位で好きな曲を購入す
るダウンロード方式の音楽配信もまだ多くの利用者がいま
す。手元に音源を確保できる安心感やインターネットにつ
ながらない環境でも高音質で再生できるなどの長所がある
ため、ストリーミングとダウンロードを併用するメリット
もあります。本書では高音質音源をハードディスクなどに
保存して**ネットワークプレーヤー**で再生する**ダウンロード
方式のネットオーディオ**についても、最新情報を交えなが
ら最適な再生方法を紹介します。

CDやレコードが音楽再生の主役だった時代のオーディ
オなら知識も経験もあるが、ネットワークが重要な役割を
演じる最近のオーディオは変化のスピードが速く、**専門用
語の意味もわかりにくい**と感じている人もいるのではない
でしょうか。オーディオ専門誌やネット上にもネットオー
ディオ初心者向けの情報は意外に少なく、基本的なことが
わかりにくいという声を聞くこともあります。オーディオ
ショップも同様です。専門店のなかにはネットオーディオ
にあまり熱心ではない店もあり、つなぎ方や設定など基本
的なことを聞いても納得のいく答えが返ってきません。そ

7

んな時はすべて自分で解決しなければなりませんが、本来は不要なはずの試行錯誤を重ねるのはなんとか避けたいものです。

　本書第1部はこれからネットオーディオに取り組む人のための**基本的な知識**を解説しました。第2部は「**クイック・スタート・ガイド**」として、**機器の選び方と設定方法、各配信サイトの利用方法**を具体的に説明してあります。特に第2部はネットオーディオを導入しようと考えているオーディオファンには、たいへん役立つと思います。

もくじ

はじめに　3

第1部　ネットオーディオのすすめ　15

第1章　ネットオーディオとは？　16

音楽再生の環境はこの15年間で劇的に変化した 16
／CDからデータ再生への変遷 18／CDの長所と短
所 18／主流になれなかったSACD 20／しかし、初
期段階のネットオーディオはハードルが高かった 21
／定額制音楽配信サービス『Spotify（スポティファ
イ）』の登場 23／オーディオファンには不満な音質
25／定額制音楽配信の高音質化 26／新しい定額制
音楽配信サービスの開始 27

第2章　高音質音楽配信＝
ロスレス＆ハイレゾ配信の楽しみ方　30

ハイレゾとはなにか？ 30／高音質のデジタル録音・
再生とは 31／ハイレゾはデータ量が大きく、複数の
方式が存在する 33／ 音楽配信の代表的データ形
式──FLAC 34／他のデータ形式──WAV、DSD
35／ストリーミングはFLACが主流。形式を意識する
必要がない 36／定額制音楽配信の料金体系 36／
定額制音楽配信で音楽を聴くスタイルはどう変わ
る？ 39／リコメンド（推薦）やプレイリストを活用する
40／クラシックファンにお薦めの定額制音楽配信
サービス 42

コラム1 ネットオーディオの全体像を理解しよう　45

コラム2 デジタル化とアナログ化　47

コラム3 PCMとDSD　49

コラム4 音声ファイルフォーマットと音声データの圧縮　52

第3章　再生機器の変化と進化　56

再生機器のバリエーションの広がりと小型化 57／小型化のデメリットはないのか？ 58／オーディオの新常識 ── 機能の集約化 59／集約化のメリット 61／ネットワークプレーヤー 62／ネットワークプレーヤーの複合機 64／ネットワークトランスポート 65

第4章　ストリーミングサービスの選び方　67

どの定額制サービスを選ぶか 68／自分のニーズを具体的に考えてみる 68／楽曲を提供していないアーティストもいる 69／検索のしやすさ 70／選曲方法 72／特徴ある『Qobuz』アプリの選曲方法 74／再生スタイル 75／再生機器 77／『アップル ミュージック』の再生方法 78／楽曲情報 80

第2部　クイック・スタート・ガイド　83

第5章　ネットワークプレーヤーの選び方　84

ネットオーディオの基本概念 84／【選び方その1】ネットワークプレーヤー選びのチェックポイント 87／【選び方その2】専用機を選ぶ ── そのメリットは？

89／【選び方その3】アプリの使い勝手 90／【選び方その4】各種ストリーミングサービスへの対応 93／【選び方その5】価格 95／ネットワーク環境の準備 97

コラム5 メーカー独自のリンク　99

第6章　機材選びの基礎知識　101

家庭内LAN 101／ONU／モデム 105／Wi-Fiルーター 106／ハブ（スイッチングハブ）109／オーディオ専用設計のハブについて 110／LANケーブル 112／ミュージックサーバー：NASの役割と選び方 114／ハイエンド仕様のオーディオ用NAS 115

第7章　ネットオーディオの設定　116

ネットワーク設定 116／ネットワークプレーヤーの設定 123／Bluetooth、Wi-Fiなどワイヤレス設定 124／NASの検出・設定 126／ストリーミングサービスのログイン・音質設定 127／ディスプレイの設定 133／アップデートの設定 134／音量調整（ボリューム）機能の設定 135／高度な設定とメーカー独自機能の使いこなし 137／リン 138／ルーミン 140

第8章　高音質ストリーミングのセッティング　143

『アマゾン ミュージック』143／『Qobuz』154／『アップル ミュージック』160／『アップル ミュージック』に対応するネットワークプレーヤー 162

第9章 「Roon」の設定と使いこなし　165

「Roon」の仕組み 166／「Roon」のインストールと運用 170／強力なモバイル再生環境を提供する「Roon ARC」172／「Roon」の設定 174

第10章 ネットオーディオのバリエーション　183

空間オーディオとは？ 184／空間オーディオの手軽な再生方法 186／アップル固有の設定 189／『アマゾン ミュージック』固有の設定 192／空間オーディオとステレオ再生の音質について 193／AVアンプで空間オーディオを再現する方法 194／高品質動画配信の先駆け『デジタル・コンサートホール』の音が進化した 195／有力レーベルが立ち上げた『STAGE＋』の見どころ・聴きどころ 198／世界最高水準の音質を実現する「Live Extreme」200

ネットワークプレーヤー 一覧　204

さくいん　210

第 1 部

ネットオーディオの すすめ

第1章

ネットオーディオとは？

■音楽再生の環境はこの15年間で劇的に変化した

15年ほど前まで、家庭で音楽を聴くためにはCDやLPレコードなどの「パッケージメディア（パッケージ音源）」と、それを再生するためのオーディオ機器（プレーヤー）が必須でした。その両方をそろえさえすれば、すぐに好きな音楽に浸れることが当たり前だったのです（図1-1）。

ところが、エジソンの蓄音機の発明からほぼ150年も続いてきたその再生方法に、21世紀を迎えてしばらく経った頃から大きな変化が起こりました。インターネットにつながる環境とネットワークに対応した再生装置さえあれば、CDやLPレコードなどのパッケージメディアとプレーヤーを準備しなくても、好きなだけ音楽を楽しむことができるようになりました。十数年前までは想像もできなか

第1章　ネットオーディオとは？

図1-1　パッケージメディアはエジソンの蝋管蓄音機から始まった（写真　アフロ）

った夢のようなオーディオ環境が現実になったのです。

　最近では、音楽を聴くのは大好きだけど、CDを1枚も持っていないという音楽ファンは珍しくありません。特に若い世代の音楽ファンの場合、それが普通かもしれません。これは、オーディオの世界にとって非常に重要な変化です。

　その「パッケージメディアからネットワークへ」という重要な変化は2010年前後から始まり、わずか15年ほどの間に決定的なものになりました。なぜそれほどの短期間で、このような本質的な変化が起きたのでしょうか？

　大きな変化をもたらした最大の要因は、**インターネットの普及**です。

　パッケージ中心の再生からネットワークを利用した音楽再生への移行は、いくつかの段階を経ながらも急速に進み、本書執筆の時点（2024年）でもなお進行中です。2013年刊の私の著書『ネットオーディオ入門』（ブルーバ

ックス）では、2010年前後に始まった第1段階のネット
オーディオに焦点を合わせ、音楽を取り巻く環境の変化に
注目しました。あらためてその内容を簡単に振り返ってみ
ましょう。

■CDからデータ再生への変遷

　音楽を聴く手段としてデータ再生を選ぶ音楽ファンが増
え始めたのは、2000年前後のことでした。21世紀に入る
と音源をインターネットで販売する音楽配信サービスが始
まり、ダウンロードして再生するためのプレーヤーが発売
されるようになります。北米で2001年に発売されたアッ
プルのiPodはプレーヤーの象徴的な存在で、音源データ
配信サービスでは2003年に北米で始まった『iTunesミュ
ージックストア』がさきがけとなりました。

　音源をインターネットで販売するサービスは、紆余曲折
を経ながら内容が進化していきます。2007年にはイギリ
スの『リンレコーズ』が音質劣化のない**ハイレゾ音源**の販
売に踏み切り、2012年には『アップル』がDRMと呼ばれ
るデジタル著作権管理を撤廃するとともに音質改善に取り
組み、利便性と音質の両面で音楽配信は次の段階に進みま
した。

■CDの長所と短所

　音楽配信の浸透にともなって起きた変化は、レコードや
CDなど形のあるパッケージメディアの代わりに、デジタ
ル化された音楽データをインターネット経由で購入し、そ

第1章 ネットオーディオとは？

のデータを直接再生する方法が急速な広がりを見せたことでした。

CDが登場した1982年当時は、デジタル化された音楽データを複製して大量に流通させるためには、音楽データを収納する物理的なディスクが必要で、それが唯一の方法でした。CDはデジタル音源を記録するために開発された非常に優れた媒体の一つです。

しかしCDのようなパッケージメディアを作るためには、大規模な生産設備が必要であり、リスナーの手元に届けるために複雑な流通システムも不可欠です。店頭に在庫がなければ、注文して取り寄せる必要があります。レコード会社のストックが尽きて再プレスが難しい場合は、やむなく廃盤ということになり、聴きたくても購入できなくなってしまいます。最近は実際にそうしたケースが増えているようです。

一方、データ音源はインターネットを介して音楽データを電子的にやり取りできるため、物理的なパッケージや物流システムが不要で、欠品や廃盤も原理的にありません。音源をダウンロードしてハードディスクに保存するだけなので、時間を節約できる上に、ディスクの置き場所を確保しなくて済むメリットもあります。増え続けるディスクを整理して管理することを目的に、パソコンを使ってCDの音楽データをiPodやスマートフォンに取り込み、データ再生に切り替える音楽ファンが増えました。

ディスク再生は再生機器にも一定の制約があります。デジタル信号を読み取る光学ピックアップや、ディスクの回

転機構が不可欠で、どちらも高い機械精度が要求されるため、ハードウェアの開発と生産には専門化された技術と規模の大きな設備投資が求められます。実際に、光学ピックアップと回転機構を一体化した「メカドライブ」と呼ばれる部品は、ごく限られた企業が生産し、世界中のオーディオメーカーに供給しているのが現状です。

　一方、ネットワークプレーヤーはほぼ電気回路だけで製品を構成することができ、ハードウェアとしてのプレーヤーの構成を大幅に簡略化できます。回転機構や読み取り機構など消耗する部品もほとんどなく、故障の要因も大幅に減らすことができます。さらにCDのように、メディアの物理的サイズに制約されることがなく設計の自由度が上がるため、小型化も容易です。

■主流になれなかったSACD

　物理的な制約に加えて、CDの規格には音質面でも制約がありました。直径12 cmの光ディスクはCDが登場した1982年当時は最先端の技術であり、1枚のディスクに74分という収録時間と約650 MB（メガバイト）の記録容量で十分と考えられていたのです。しかし、その収録時間を実現するために、周波数帯域など音声信号の情報を一定の範囲に制限する必要がありました。そのため**デジタル録音技術が時代とともに進化してCDを上回る音質を実現できるようになっても、その情報をCDに収録しきれないという問題**が起こりました。CDの規格自体が古くなってしまったのです。

第1章　ネットオーディオとは？

　その制約を乗り越えるために「次世代CD（スーパーオーディオCD：SACD）」が提案され、1999年に発売されました。2層構造のディスクでは記録容量が最大8.5 GB（ギガバイト）に及び、CDの10倍以上の情報を記録することができます。

　SACDは現在もディスクとプレーヤーの生産が続いており、クラシックを中心に新譜も発売されていますが、CDに置き換わる存在にはなりませんでした。音楽配信が始まる直前に登場したというタイミングの問題もありますが、すでに触れた物理的なディスクメディアの短所はSACDにもそのまま当てはまり、**データ再生への移行を食い止めるほどの魅力はなかった**と言わざるを得ません。

　一方、ダウンロード方式の音楽配信の場合は配信する側で信号形式を絞り込む必要はなく、インターネットの速度さえ確保すればデータサイズの制約も事実上ありません。**録音・編集した音源をそのまま配信することも原理的には可能**で、録音技術が進化して新しい方式が登場したとしても、再生機器さえ対応すれば音源を配信することができます。そこにも固定された規格の枠を超えられないCDとは根本的な違いがあるのです。

■**しかし、初期段階のネットオーディオはハードルが高かった**

　初期段階のネットオーディオでは、音源の入手方法は主に2種類ありました。パソコンを使ってCDのデータを読み込む（リッピング）か、または音楽配信サービスを利用

21

図1-2　ネットワークプレーヤーの例　LUMIN D3

してインターネット経由でダウンロードしてデータ音源を購入する方法です。リッピングやダウンロードで入手した音源は家庭内ネットワーク（LAN）に接続したハードディスク（ネットワーク接続記憶装置：NAS）に保存し、その音楽データ（音声ファイル）を「音声ファイル専用のプレーヤー」またはパソコンで再生するという方法が一般的です。LANやWi-Fiを介して音楽データ（音声ファイル）をネットワーク経由で受信し、アナログ出力に変換して出力する専用プレーヤーを**ネットワークプレーヤー**と呼びます（図1-2）。

この方法でもディスク再生にはない長所があります。しかし、リッピングやダウンロードのためにパソコンを操作する必要があり、音楽配信サービスから購入する音源のフォーマットを複数のなかから選ぶ必要があるなど、CDにはなかった煩わしく感じる操作も必要になりました。さらに、「サーバー」（保存したデータをネットワーク経由で送受信する一種のコンピューター）に保存する音源が増えるに従って、膨大な音源を管理する難しさに悩まされるな

第1章　ネットオーディオとは？

ど、音楽を聴くこととは直接関係のない問題に直面する機会が増えてきます。

　早い時期からネットオーディオに取り組んできた先進的なユーザーの多くは、経験を重ねながらそうした問題をなんとか解決し、ストレスなく音楽を楽しんでいます。とはいえ、そうしたハードルの高さに嫌気がさして、再びCDに戻ってしまうという人も少なくありませんでした。そんな消極的な理由でこれからもCDを使い続けようと考えるオーディオファンが存在することからも、いまのネットオーディオが抱える課題が浮かび上がってきます。

　販売量が減り、ショップの数も限られているとはいえ、CDはまだまだ現役のパッケージメディアとして広く普及しています。プレーヤーについても、安価な製品が少なくなった面はあるものの、特に日本では良質なCDプレーヤーをいまでも購入することができます。ネットオーディオの本格的な普及が進むまで、CDは重要な音楽メディアの一つとして存続していくはずです。

■定額制音楽配信サービス『Spotify（スポティファイ）』の登場

　リッピングとダウンロードを中心とする「第1段階のネットオーディオ」が市民権を得た頃（2012年頃）、**ストリーミング方式の音楽配信**が登場します。ストリーミング方式とは、聴きたい音源をアルバム単位や曲単位で購入するダウンロード方式ではなく、**ネットワークにつないだオンラインの状態で音楽をリアルタイム再生する**サービスで、

23

手軽さもあって欧米を起点にして急速に普及が進みました。

　無料または有料で音楽を好きなだけ聴けるストリーミングサービスは、ダウンロード方式の音楽配信とほぼ同時期に欧州でサービスが始まった『Spotify（スポティファイ）』がさきがけで、2010年代半ばから2020年前後にかけて北米や日本など他の地域にも普及が進みました。その後アップルやアマゾンが相次いで参入したことで、同様なサービスはさらに規模を拡大し、近年は多くの地域でCDなどパッケージメディアの売り上げを上回るまでの成長を遂げています。

　『Spotify』は現在も無料サービスの提供を続けていますが、無料の代償として広告を聞かなければならない上に、音質や機能にも制約があるので、良い音で音楽を楽しみたいリスナーには力不足です。一方、有料プラン（2024年6月時点で月額980円）は、CDには劣るものの無料サービスより良い音質で楽しめるため、その音質で十分と考える人は少なくありません。

　約1億曲という充実したライブラリが聴き放題というサービス内容が音楽ファンに与えるインパクトは強く、定額料金についても、音楽をたくさん聴く人ほど割安と感じられる仕組みになっています。数の上では無料サービスの利用者の方が多いようですが、熱心な音楽ファンつまりヘビーユーザーは、料金を払っても少しでも良い音で、アルバム全曲再生などの無料サービスでは利用できない機能を求めているのです（図1-3）。

第1章　ネットオーディオとは？

図1-3　定額制音楽配信サービス『Spotify』のトップページ

　このような配信サービスでは、アーティストに適切な対価が支払われることがサービスの継続に不可欠なので、有料契約のリスナーを増やすことは、サービス提供側にも、もちろんアーティスト側にとっても重要な意味があります。無料の動画配信サービスの利用者が増え続ける現状のなかで、「音楽は無料ではない」という基本的な認識すら危うくなりつつありますが、音楽ファンやオーディオファンが有料のストリーミングサービスを利用することは音楽産業全体にとってもプラスに働くとみなせるのではないでしょうか。

　ちなみに有料のストリーミングサービスは「定額制音楽配信」「サブスクリプション」など複数の呼び名がありますが、本書では有料かつ定額という側面が伝わりやすい「定額制音楽配信」と呼ぶことにします。

■オーディオファンには不満な音質
　『Spotify』などのストリーミングサービスはスマートフ

ォンなどモバイル端末で手軽に楽しむ用途に向いているため、当初はポップスファンをターゲットとしてサービスが開始されました。その後ホームオーディオのリスナーが好むクラシックやジャズの音源も徐々にそろってきましたが、CDに劣る音質はオーディオファンを満足させることができず、検索機能が使いにくいなどの課題もあり、多くのオーディオファンには受け入れられませんでした。

　そうした背景を考えると、オーディオファンが望んでいるストリーミングサービスは、**一定の料金を支払った上で、高音質とさまざまな機能を享受できるストリーミングサービス**という構図が浮かび上がります。**そんな音楽好きなオーディオファンが、良い音で楽しむためにはどうすればよいのか**という視点で、第2章以降で具体的な提案をしていきます。

■定額制音楽配信の高音質化

　定額制音楽配信の利用者が増え始めた大きな理由として、2019年以降、オーディオファンも満足できる**CDと同等またはそれ以上の高音質**で配信する高音質配信が利用できるようになったことが挙げられます。国内では『アマゾン ミュージック（Amazon Music）』と『アップル ミュージック（Apple Music）』が相次いでCDと同等の**ロスレス**（音の劣化のない非圧縮音源）、およびCDを上回る**ハイレゾ**（High-Resolution Audio：高解像度音質）での配信に踏み切り、現在はどちらも高音質配信による追加料金は特に設けていません。また、『アップル ミュージック』

第1章 ネットオーディオとは？

はクラシックファン向けの『アップル ミュージック クラシカル（Apple Music Classical）』を開発し、2024年1月以降、日本でも使えるようになりました。こちらも『アップル ミュージック』と同様、高音質音源をそろえています。

　固定料金、聴き放題、高音質という3つの条件が重なることで、定額制音楽配信は多様化した音楽再生スタイルのなかで特別な価値を持つ存在になろうとしています。従来のストリーミングは使い勝手は良くても音質がいまひとつ、ダウンロード方式の音楽配信は高音質だが購入方法と管理が煩雑という具合に、それぞれ一長一短があり、オーディオファンが全幅の信頼を寄せるサービスにはなりきれていません。そんな時に登場した高音質音楽配信がオーディオファンの評価を獲得できるのか、これからが正念場です。

　『アマゾン ミュージック』と『アップル ミュージック』はライブラリの充実度や音質という点でも音楽ファンやオーディオファンの期待に応える内容に進化しましたが、実は世界に目を向けると、この2つ以外にも有力な音楽配信サービスが存在します。

■新しい定額制音楽配信サービスの開始

　『アマゾン ミュージック』と『アップル ミュージック』が高音質化を実現する以前から、海外では『TIDAL（タイダル）』（ノルウェー）、『Qobuz（コバズ）』（フランス）などの定額制音楽配信サービスが音の良い配信サービスと

27

して定着しており、音にこだわる音楽ファンやオーディオファンの支持を集めています。しかし、これまではどちらも日本国内では利用できず、正式なサービス開始が待たれていましたが、2024年秋以降には『Qobuz』が日本でサービスを開始する予定です。

『Qobuz』は特にオーディオファンが大きな期待を寄せている配信サービスの一つです。CD同等のロスレスだけでなく、それを上回るハイレゾ音源が充実していることが特徴です。**『Qobuz』はハイエンドのネットワークプレーヤーなど本格的なオーディオ機器で聴くことができ、ネット**ワーク再生に用いるアプリの大半がサポートしています。

一方、『TIDAL』も日本市場への参入を計画していますが、2024年6月時点で具体的な時期は明らかにしていません。

海外のオーディオファンの多くは、『Qobuz』や『TIDAL』を定額制音楽配信の基準として位置付けているのです。本命とされるサービスの一つが国内で正式に利用できるようになることで、ネットオーディオがもたらす音楽体験が一気に充実することが期待されています。

本書は『アマゾン ミュージック』『アップル ミュージック＆アップル ミュージック クラシカル』、そして『Qobuz』を加えた3つの定額制音楽配信に焦点を合わせ、それぞれのサービスの特徴を紹介すると同時に、それぞれの最適な再生方法を解説します。さらに、再生環境や音楽の好みを考慮した場合、どのサービスを選ぶのがベス

第1章　ネットオーディオとは？

トなのか探ってみましょう。

第2章
高音質音楽配信＝
ロスレス＆ハイレゾ配信の楽しみ方

　CD同等またはそれ以上の高音質を実現した定額制音楽配信は、家庭で音楽を聴く時のメインソースとして今後広く浸透していくことが予想されます。従来のダウンロード型の音楽配信に比べると導入時のハードルは低く、再生機器の設定や選曲方法などもわかりやすくなっていますが、さすがにCDほどシンプルではありません。再生機器の準備や再生ソフトの選択など、具体的な操作方法については第2部で解説しますが、まずは定額制音楽配信を楽しむために知っておくと役に立つ情報を整理しておきましょう。

■ハイレゾとはなにか？
　CDを上回る高音質を意味する「ハイレゾリューション・オーディオ（High-Resolution Audio）＝ハイレゾ」という呼び方が市民権を得たのは2010年代前半のことで

第2章　高音質音楽配信＝ロスレス＆ハイレゾ配信の楽しみ方

図2-1　日本オーディオ協会のハイレゾ認定ロゴ

した。特に2014年に電子情報技術産業協会（JEITA）と日本オーディオ協会がハイレゾ音源が満たすべき条件を具体的に定めたことで広く知られるようになり、日本オーディオ協会が作ったハイレゾの認定ロゴマーク「Hi-Res AUDIO」のシールを貼ったオーディオ機器が店頭に並ぶようになりました（図2-1）。

　ハイレゾの基準はCDの規格を上回るかどうかという点に注目し、音源とオーディオ機器それぞれについて、サンプリング周波数や量子化ビット数の数値がCDの規格を上回るかどうかで判定します。この2つの指標は音楽信号の情報量を判断する目安になります。オーディオ機器では単純に数値が大きければ音が良いというわけではありませんが、音源については録音方式に忠実な方が高音質を引き出しやすいなど、ある程度の参考になります。

■高音質のデジタル録音・再生とは
　一般にデジタル録音・再生の音質改善は、周波数範囲を広げることと、強弱の差をよりきめ細かくすることで実現します。前者は**サンプリング周波数を上げること**、後者は

量子化ビット数を増やすことを意味します。

　サンプリング周波数を上げると一定時間にサンプリング（標本化）する回数が増え、より高い周波数の音を録音・再生できるようになります。一方の量子化ビット数を増やすと音楽信号の振幅を表現する単位が細かくなり、微妙な強弱の差を聴き取ることができるようになります。

　CDのサンプリング周波数は44.1 kHzなので、1秒間に44100回のサンプリングを行います。CDはそれによって人間の耳が聴き取ることができる約20 kHzの高域限界（可聴帯域の上限）を理論的にはほぼカバーできるとされています。それでは、さらに可聴帯域以上の高い周波数領域まで録音・再生を拡大すると、どんなメリットが生まれるのでしょうか？

　高域限界に近い音域に含まれる情報は微細なものですが、重要な役割を担っています。例えば余韻や奥行きなどの空間情報、さらに楽器から音が出る瞬間（アタック）に生まれる複雑な倍音成分などが含まれます。特にアコースティック楽器を響きの豊かなコンサートホールやスタジオで録音した音源では、それらの微細な情報の有無で演奏の印象まで変わることがあり、**ホールトーンの広がり、ステージの遠近感、楽器ごとの音色の違い**などを識別することができます。

　情報を圧縮した従来のストリーミングではそこまで微妙な情報を引き出すことは難しく、実際に注意深く聴き比べてみると違いに気付きます。それらの微妙な情報まで忠実に記録し、正確に再生することがハイレゾの重要な存在理

第2章　高音質音楽配信＝ロスレス＆ハイレゾ配信の楽しみ方

由の一つと考えられています。

■ハイレゾはデータ量が大きく、複数の方式が存在する

　一方、微細な情報を豊富に含むハイレゾ音源はそれだけ
データのサイズが大きくなってしまうという課題があり、
個別に音源を購入する場合は、通信環境によってはダウン
ロードの時間が長くなってしまいます。2010年前後のイ
ンターネット環境では、それがハイレゾ音源の普及を妨げ
る要因の一つになっていました。しかし、その後の通信環
境の改善によって、近年ではそこまで大きな障害になるこ
とは少なくなりました。ただし、海外の音楽配信サイトか
ら購入する場合など、思いがけず時間がかかることもある
ので、購入する前にデータ量を確認しておく必要がありま
す。

　データ量が増えることのもう一つの問題は、音源を保存
するハードディスク（NAS）の容量が不足しがちになる
ことです。192 kHz/24 bitまたはそれ以上のPCM音源
や、サンプリング周波数の高い11.2 MHzのDSD音源を大
量に購入して保存すると、1～2 TB程度のハードディス
クではすぐに容量不足になってしまいます。

　ここでPCMとDSDというのは、ダウンロードするハイ
レゾ音源のデジタル化の形式のことです。データ形式は
PCMとDSDの2つだけではなく、実際のダウンロード型
の音楽配信では、符号化形式（圧縮方法）の違いでさらに
多くの形式が存在します。CDなどのパッケージメディア
と異なり、**ネットオーディオはデジタル化形式や符号化形**

33

式の知識がないと、オーディオシステムを組むことはもちろん、音楽配信サービスを利用することも難しくなります。ただし、わかってしまえばそれほど複雑なことでもなく、以後ネットワークオーディオを存分に楽しむことができますから、理解しておくことをお薦めします。

　ネットワークオーディオの音楽配信の概略図と、ファイル形式の違いなどを章末の「コラム」にまとめておきました。ぜひ、お読みになってください。

■音楽配信の代表的データ形式──FLAC

　PCMはCDで採用しているデジタル信号形式ですが、音楽配信ではFLACと呼ばれる形式に変換して配信することが多いので、そちらを先に説明しましょう。

　FLACは**ロスレス圧縮**と呼ばれる形式の一つで、データ量をオリジナルの半分程度に減らせるにもかかわらず、**原理上は音質劣化がありません**。圧縮の前後でデータの内容が同一となるため、**可逆圧縮**と呼ばれることもあります。サンプリング周波数と量子化ビット数が異なる複数の形式がありますが、サンプリング周波数は44.1 kHz／48 kHz／96 kHz／176.4 kHz／192 kHz／384 kHzなど複数のデータ形式が存在し、量子化ビット数も16 bit／24 bit／32 bitのデータ形式が実際に販売されています。高い割合を占めるのはCD同等の44.1 kHz／16 bit、96 kHz／24 bitですが、最近は48 kHz／24 bitや192 kHz／24 bitの音源も増えてきました。

第2章　高音質音楽配信＝ロスレス＆ハイレゾ配信の楽しみ方

■他のデータ形式──WAV、DSD

　ロスレス圧縮のFLACに対して、**一切の圧縮を行わないWAV**と呼ばれる形式での配信を行っているサービスもありますが、データ量はFLACに比べて2倍以上とかなり大きくなります。WAV形式はデコード処理（符号化したものを元に戻す作業：復号）が不要なので再生機器への負荷が少なく、優れた音質を実現しやすいと言われることもありますが、タグ情報と呼ばれる楽曲情報を埋め込むことが難しく、音楽配信では主流になりませんでした。

　DSDはPCMとはデジタル化の原理が異なる形式で、この形式で音源を販売している配信サービスも存在します。DSDはCDを上回る高音質ディスクとして1999年に登場したスーパーオーディオCD（SACD）に採用された信号形式で、編集環境に制約があるため録音での採用例は多くありませんが、あえてDSD録音にこだわるレーベルや録音エンジニアも存在します。DSD方式の音源にも複数のサンプリング周波数があり、2.8 MHz／5.6 MHz／11.2 MHz／22.4 MHz（それぞれDSD64／128／256／512とも表記）の音源が実際に販売されていますが、周波数が高くなるとアルバム1枚で数GB単位のファイルサイズとなり、数十枚のアルバムをDSDでそろえると2 TBのハードディスクがあっという間に満杯（！）になってしまいます。

35

■ストリーミングはFLACが主流。形式を意識する必要がない

　ダウンロード型音楽配信ではファイル形式が何種類も存在し、再生環境に適した音源を選べる良さがあるものの、選択のバリエーションが多すぎて判断しにくいという声も聞きます。音の違いを聴き比べるためには、別途それぞれの音源を購入する必要があり、現実的ではありません。録音と同じ形式を選ぶことは一つの目安になりますが、肝心の録音フォーマットがわからないことも多いので、それで悩みが解消するわけではありません。

　ここからが本題ですが、**ストリーミング方式の音楽配信ではFLACを採用している例が多く、**サンプリング周波数の違いはあっても、WAVやDSDなど異なる形式との違いに悩むことはほぼありません。方式がほぼ統一されていることのメリットは非常に大きく、大半のリスナーは聴きたい曲やアルバムを選ぶ時にデータ形式の違いを意識する必要はありません。「アーティストや作品で聴く曲を選ぶ」という当たり前の再生環境がもう一度戻ってくるのです。

■定額制音楽配信の料金体系

　ここで音質の話題からいったん離れて、毎月支払う利用料金の具体例を紹介します。定額制サービスの多くは1ヵ月単位または1年単位のどちらかを選ぶことができ、年額の一括払いでは2割程度割安になる配信サービスが多いようです。『アマゾン　ミュージック』はアマゾンプライムの

第2章　高音質音楽配信＝ロスレス＆ハイレゾ配信の楽しみ方

会員を優遇しており、月額980円で聴き放題サービスを利用できます（プライム非会員は1ヵ月あたり1080円）。

『アップル ミュージック』は月額1080円ですが、年払いでは10800円となり、1ヵ月あたり900円でフル機能を楽しむことができます。2024年1月に始まった『アップル ミュージック クラシカル』も追加料金を払うことなく聴くことができるので、クラシックファンは割安と感じるかもしれません。また、学生プランやファミリープランを契約すると、通常よりもかなり割安で利用することができます。さらに『Apple TV+』や『iCloud+』などアップルの他の定額（サブスクリプション）サービスと併用する『Apple One』（月額1200円）に『アップル ミュージック』も含まれるため、それを利用するのもお薦めです。

『Qobuz』は1ヵ月単位だと1480円、年払いの場合1ヵ月換算で1280円と他のサービスに比べてやや高めになりますが、**定額制音楽配信のなかでは高音質音源が充実している**ことと、オプションで**ダウンロードサービスも利用できる**など、付加機能が利用できる特徴があります。なお『Qobuz』の料金は2024年6月現在の予定料金ですので、サービスが開始されたら確認してください。

　月額で980円から1480円という料金が高いと思うか、リーズナブルと感じるかは音楽ファン・オーディオファンそれぞれの判断で決まります。無料の動画配信しか見ない人や特定のアルバム以外に興味がない人には割高と感じるかもしれませんが、毎月発売される新譜が気になる人や、人

気アーティストやアルバムに関心がある人、聴いたことがない音楽に興味がある人にとっては、聴き放題の定額制音楽配信の料金は格安に思えるでしょう。

　以下、各社の現在（2024年6月）の料金をまとめておきます。

| アマゾン　ミュージック |

　プライム会員　980円／月、9800円／年
　非プライム会員　1080円／月
　ファミリープラン　1680円／月
　ファミリープラン（プライム会員のみ）　16800円／年
　学生プラン　580円／月

| アップル　ミュージック |

　1080円／月、10800円／年
　ファミリープラン（最大6アカウント）　1680円／月
　学生プラン　580円／月
　アップル・ワン（Apple TV＋、iCloud＋など含む）
　　1200円／月
　アップル・ワン・ファミリープラン　1980円／月（最大
　　5アカウント）

| Qobuz（予定） |

　1480円／月
　1280円／月（年払いの場合の月額換算）

第2章　高音質音楽配信＝ロスレス＆ハイレゾ配信の楽しみ方

■定額制音楽配信で音楽を聴くスタイルはどう変わる？

　CDなどのパッケージメディアやダウンロード型の音楽配信は曲またはアルバム単位で音源を購入する必要がありますが、定額制音楽配信ではサービスが提供する楽曲のすべてを制限なく聴けるので、「音源を所有する」という概念がありません。言い換えれば**クラウドサーバー上の楽曲すべてが手元にある**のと同じことなのです。

　しかもその膨大な音源をキーワードなどの情報を頼りに、瞬時に検索できることに大きな特徴があります。仮に1億曲の音源がCDなどのパッケージメディアで手元にそろっていたとしても、そこから目的の曲を探し出すのは気が遠くなるような作業で、事実上不可能と言っていいでしょう。膨大な音源がいつでも聴けるだけでなく、**聴きたい曲を簡単に探すことができる**点が、定額制音楽配信の最大の長所です。

　曲の探しやすさはダウンロード購入してNASに保存した音源でも実感できますが、定額制音楽配信の場合、検索対象となるライブラリの規模が圧倒的に大きいので、聴きたい曲が見つかる確率は飛躍的に高まり、稀少な音源やディスクでは廃盤になってしまった録音と出会う機会も増えるのです。最近は**1950〜1970年代にアナログで録音された音源をデジタル化したものも増えている**ので、CDでは発売されていない音源を聴くこともできるようになりました。

　そうした長所を活用すると、音楽の聴き方、楽しみ方そのものが大きく変化することは誰もが理解できるはずで

図2-2 『Qobuz』のタグ情報

す。例えばあるアーティストのアルバムを聴くと、アーティスト本人の他のアルバムだけでなく、演奏に参加している他のメンバーのアルバムや楽曲にも簡単にアクセスできます。各楽曲には参加アーティスト、作曲者、作詞者、録音年、レーベルなど、**タグ情報**と呼ばれる詳細な楽曲データが埋め込まれていて、特定のアルバムを選択すると、それらのタグ情報に紐付けられたリンクを元に関連アルバムなどの情報が表示されます（図2-2）。関連作品を聴いてみたくなった時は、そのリンクや表示されたアルバムをクリックするだけですぐ再生が始まります。

■リコメンド（推薦）やプレイリストを活用する

再生履歴の情報を元に、次に聴く曲の「**リコメンド（推薦）**」を表示する機能もあります（図2-3）。薦められた曲

第2章 高音質音楽配信＝ロスレス＆ハイレゾ配信の楽しみ方

図2-3 リコメンドの一例（『アップル ミュージック』）

が好みに合うとは限りませんが、その場合は無視すればいいだけで、煩わしいと感じることもありません。複数のリコメンドのなかに一つでも自分の好みに合うアルバムがあれば、それだけでも意味があることだと言えるでしょう。

お気に入りのアーティストのアルバムを高い頻度で聴くというリスナーには、アーティストごとにあらかじめ作成されたプレイリストや、好みのアルバムを登録した自作のプレイリストを用意しておくと、キーワードの入力をしなくてもお気に入りのアーティストにすぐアクセスできます。配信サービス側で用意したテーマ別プレイリストのなかに嗜好が合うものが見つかったり、これまで出会えていなかったけれど、本当はこんな曲が聴きたかったという作品を発見できたりすることもあります。特に普段はあまり聴かないジャンルの場合は、既存のプレイリストが役に立

41

つことがあります。

■クラシックファンにお薦めの定額制音楽配信サービス

　タグ情報を元に検索やリコメンド機能が利用できること
が定額制音楽配信の長所と紹介しましたが、クラシックフ
ァンのなかには、特に検索機能の精度が不十分と感じる人
が多いようです。ポップスやジャズではアーティスト名や
アルバムタイトルなどの基本情報だけで目的の作品が見つ
かるケースが大半ですが、クラシックは作曲者の名前と作
品名のほか、アーティスト情報も指揮者、独奏者、オーケ
ストラなど多岐にわたります。

　それら複数のタグ情報の組み合わせから特定のアルバム
を抽出するプロセスがうまく機能していなかったり、そも
そもタグ情報そのものが不足していたりすることが多く、
指揮者名や曲名を入力しても聴きたい曲になかなかたどり
着けないことが多いのです。アーティスト名で検索しよう
としたら、クラシック以外の候補がたくさん表示され、目
当ての演奏家の名前が出てこないこともよく経験します。
クラシックファンのなかには検索精度の低さがストレスに
なり、サービスの利用をやめてしまう人もいます。

　そんなクラシックファンの不満と真剣に向き合い、**タグ
情報やリンク機能を充実させて使い勝手を改善したの**が
『**アップル ミュージック クラシカル**』です（図2-4）。
『アップル ミュージック』と同様に、CD同等のロスレス
とハイレゾの音源を提供し、『アップル ミュージック』の
契約があれば追加料金がかからず、スマートフォンやタブ

第2章 高音質音楽配信＝ロスレス&ハイレゾ配信の楽しみ方

図2-4 『アップル ミュージック クラシカル』のトップページ

レット用のアプリ「クラシック」（iOS／Android）をダウンロードするだけで利用できます。アイコンは『アップル ミュージック』が8分音符、『アップル ミュージック クラシカル』がト音記号で、どちらも背景が赤いので紛らわしいですが、両者は密接にリンクしており、操作性もよく似ています。とはいえ検索機能に大きな違いがあるので、クラシックファンは専用のクラシックアプリを中心に使うとよいでしょう。

クラシックに的を絞っているだけに検索機能が充実しています。「見つける」の項目では「カタログ」の作曲者、時代、ジャンル、指揮者、オーケストラ、ソリスト、アンサンブル、合唱団の各項目からアーティストを選択できるほか、「楽器」のタブが用意されていて、声楽を含む28種類の楽器から検索できます（図2-5）。それぞれの楽器に

43

図2-5 『アップル ミュージック クラシカル』の検索画面

最新リリース、人気アーティスト、有名な作品が表示され、キーワードを入力しなくても簡単にアルバムを探すことができます。

「見つける」とは別に、キーワードを入力する通常の検索機能もありますが、検索対象はクラシックのアーティストや作品に限られ、ロックやジャズのアーティストや作品が表示されることは原則としてありません。ジャンルを横断して活躍しているアーティストが候補として上がることはありますが、ジャンルを識別する精度はかなり高く、違和感のある検索結果が表示されることは滅多にありません。

他の定額制音楽配信サービスでは、曲名や作曲家者を入力した時に個別の曲が優先的に表示され、全4楽章の作品がバラバラに表示されるなど不自然な結果が出てきますが、『アップル ミュージック クラシカル』は基本的にア

第2章　高音質音楽配信＝ロスレス＆ハイレゾ配信の楽しみ方

ルバム単位で結果が表示されます。クラシックファンから
見れば当然のことですが、他のサービスではその当たり前
のことができていないのです。

● コラム１　ネットオーディオの全体像を理解しよう

　ネットオーディオは、CDなどのパッケージメディアと
異なり、ある程度の技術的な知識が必要です。もちろん、
全くなくても聴くことはできるのですが、異なる配信サー
ビスを選んだり、コンポーネントを購入したりするにもあ
る程度の知識がないと、自分の好きな配信サービスを聴く
ことができなかったり、せっかくのコンポーネントが無駄
になったりする事態が起こります。

　また、本書を含めた「ネットオーディオ」関連の書籍や
雑誌を読む際にも、ある程度の知識がないと「チンプンカ
ンプン」の状態に陥ります。そのために、まず次ページの
ネットオーディオの全体像（図2-6）を理解しておきまし
ょう。

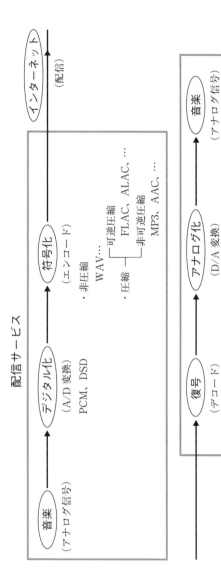

図2-6 ネットオーディオの全体像

第2章　高音質音楽配信＝ロスレス＆ハイレゾ配信の楽しみ方

●コラム2　デジタル化とアナログ化

◆デジタル化

　音楽や音は物理的には「アナログ波」といって、空気の連続した波です。アナログの波を離散的な数字（digit）で置き換えることを「デジタル化」といい、省略してA／D変換ともいいます。

　では、なぜ数字に置き換える必要があるのでしょうか？

　例えば、物の大きさを電話で相手に伝えようとした場合、「両手くらいの大きさ」「象くらいの大きさ」などと言っても、相手に正確に伝えることができません。その時「53センチメートル」とか「4.23メートル」などと言えば、相手に正確に伝えることができます。自然界のアナログ波の現象である音声も、もし数字で伝えることができれば、正確に伝えることができるはずです。

　さらにいったんデジタル化してしまえば、数字の羅列になるので、数字以外の雑音が入り込む余地はありません。それに対してアナログ情報に混入したノイズは、原理的には取り出すことはできません。このようにデジタル化はオーディオファンの要求にたいへんよくマッチしていると言えます。

　現在オーディオで一般的に使われているA／D変換は、大きく分けてCDなどに使われている**PCM**（パルス符号変調）と、SACDに使われている**DSD**（パルス密度変調：PDM）の2つの方法があります。PCMとDSDの違いは、次の「コラム3」を参照してください。

47

◆アナログ化

　デジタル化された音楽信号（数字の羅列）を元に戻す過程を「アナログ化」と呼び、**D／A変換**とも表現します。オーディオコンポーネントでは**D／Aコンバーター**と呼ばれる機材がこの役割です。D／Aコンバーターは省略してDAC（ダック）とも呼ばれます。CDやネットワークによって送られてきたデジタル信号は、D／Aコンバーターによってアナログ信号に変換され、アンプやスピーカーを通して聴くことができます。

第2章　高音質音楽配信＝ロスレス&ハイレゾ配信の楽しみ方

●コラム3　PCMとDSD

　アナログの音楽信号をデジタル信号に変換（量子化）する方式には、原理的に異なる2つの方式PCMとDSD（Direct Stream Digital）が主流です。DSDはソニーとフィリップスの商標で、PCMと同様に、方式を表す場合はPDM（pulse-density modulation：パルス密度変調）と呼ばれます。

　この代表的な2つのデジタル化の方式を説明します。

◆PCM（パルス符号変調）

　PCMは「pulse code modulation」の略で、日本語では「パルス符号変調」と呼ばれます。1969年にNHKが世界で初めてPCMによるテープレコーダーの試作機を完成させて以来、日本コロムビア（現デノンコンシューマーマー

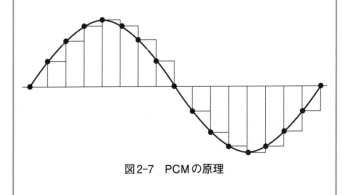

図2-7　PCMの原理

ケティング）やソニーが中心になって開発し、1982年以来CDに採用されてきた方式です。CDの規格を例にとって、PCMの原理を説明します。

CDは音楽信号1秒間を44100に分割し、それぞれの振幅の大きさに応じて2の16乗（65536）通りの符号を付けてデジタル化します（図2-7）。

◆DSD（PDM：パルス密度変調）

ΔΣ変調（デルタシグマへんちょう）とも呼ばれます。1960年代初めに東京大学の大学院生であった安田靖彦氏が開発し、ΔΣ変調と命名しました。

変調回路は、減算器（Δ）、加算器（Σ）、量子化器、スイッチの4つの部分からできています（図2-8）。この回路に音楽信号1秒間を2822400に分割した音楽信号が入力

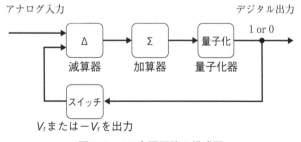

図2-8　ΔΣ変調回路の模式図

第2章 高音質音楽配信＝ロスレス＆ハイレゾ配信の楽しみ方

されます。入力されると、

① まず減算器で入力された値から1つ前の値を引き算します
② その値は加算器に送られ、1つ前の引き算の値に加算されます
③ 加算された値は量子化器に送られ、あらかじめ決めておいた基準値（Vr）と比較し、Vrよりも大きければ1を、小さければ0を出力します
④ 量子化器から出力された値はスイッチに入ります。スイッチは1が入力されたら基準値（Vr）を、0が入力されたらマイナスにした基準値（$-Vr$）を減算器に戻します
⑤ 次の信号が入力され、①から繰り返します

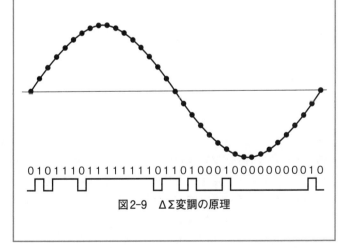

図2-9　ΔΣ変調の原理

●コラム4 音声ファイルフォーマットと音声データの圧縮

◆音声ファイルフォーマット

　PCM（パルスコード変調）やPDM（パルス密度変調）によってデジタル化された音声データは、基本的には0と1の羅列であるので、テキストデータや画像データなどのデータと区別がつきません。そこで、これが音声データであり、PCMでデジタル化されたのかPDMなのか、量子化のビット数やサンプリング周波数などの情報を付加する必要があります。これをメタデータと呼びます。

　またデータ量をより小さくするために、「音声データの圧縮」を行うことがあります（「音声データの圧縮」参照）。圧縮した場合、元にもどす（復号）時に「どのような方法で圧縮したか」という情報が、必要になります。

　音声データは、ある「規則」にしたがってメタデータと圧縮の情報が書かれたファイルの中に格納されます。その「規則」のことを、ファイルフォーマット（ファイル形式）と呼びます。

　ファイルに格納される音声データはそのままの状態（非圧縮）か圧縮された状態（圧縮）で格納されます。マイクロソフト、アップル、ソニーなどで様々な音声ファイルフォーマットが開発されており、圧縮データ、非圧縮データ、その両方など、格納する種類によっても様々なファイルフォーマットが使われています。

第2章　高音質音楽配信＝ロスレス＆ハイレゾ配信の楽しみ方

◆音声データの圧縮

　デジタル化された音声データは、データ量を減らすために圧縮される場合があります。例えば、CD 1枚に非圧縮のPCMデータを収録すると約1時間ですが、圧縮することで約7時間も収録することが可能になります。ですからネットで配信する場合は、圧縮はたいへん有効です。

　音声データの圧縮には、圧縮する前のデータと元に戻した（復号した）時のデータがまったく同じになる**可逆圧縮**と、**同じにはならない（欠損がある）非可逆圧縮**があります。非可逆圧縮の方がデータを小さくできますが、音質を考えるとオーディオファンには可逆圧縮の方が魅力的です。**可逆圧縮はロスレス圧縮**とも呼ばれています。

　MP3やAACは非可逆圧縮の代表例で、iPodやスマートフォンで利用されています。小さなスマホに2000曲も収録できるのは、圧縮のお陰です。

◆種々の音声ファイルフォーマット

　音声ファイルフォーマットは格納する音声データによって、大きく3種類に分類できます。

　①非圧縮音声データ
　②可逆圧縮音声データ（ロスレス圧縮）
　③非可逆圧縮音声データ

それぞれに数種類のフォーマットがネットワーク配信に使われています。一つ一つのフォーマットの違いを理解する必要はありませんが、音質を重視するなら①②③の順、データ量の小ささでは③②①の順であるということを覚えておきましょう。

　表2-1で代表的な音声ファイルフォーマットを紹介しておきます。

第2章　高音質音楽配信＝ロスレス＆ハイレゾ配信の楽しみ方

格納する音声データ	ファイル形式	特徴
非圧縮音声データ	WAV	・マイクロソフトとIBMが開発 ・CDとほぼ同じ音質 ・データ量は大きい ・歌詞や画像データは非対応
	AIFF	・アップルが開発 ・圧縮音声にも対応する ・PCMに用いられる
	BWF	・欧州放送連合が開発 ・WAVの拡張フォーマット ・WAVと互換性がある
可逆圧縮音声データ	FLAC	・音質劣化がなく、高音質 ・デコードが速い ・データ量をほぼ半分にできる ・歌詞や画像ファイルにも対応
	ALAC	・Apple Losslessの略称で、アップルが開発 ・音質劣化がない ・データ量をほぼ半分にできる ・デコードの速度が速い ・iPod、iPhone、ウォークマンで再生できる ・Androidでもアプリにより再生可
	WMA Lossless	・マイクロソフトが開発 ・音質劣化がない ・Androidでアプリにより再生可
	モンキーズ・オーディオ	・PCMに用いられる ・音質の劣化がない ・現在は少数派
非可逆圧縮音声データ	MP3	・音楽配信で最も一般的に使われている ・10分の1程度のデータ量になる ・ポータブルオーディオに適している
	AAC	・MP3より音質が優れている ・YouTube、iPhone、iPod、Nintendo 3DS、PlayStation 3などの標準フォーマット ・10分の1程度のデータ量になる
	Opus	・遅延が少ない ・MP3とほぼ同等の音質 ・音楽ライブのネット配信などに適している
	MQA	・厳密には非可逆圧縮だが、可逆圧縮と同等の音質 ・スタジオマスター以上の音質 ・CDに多く使われている
可逆圧縮音声データと非可逆圧縮音声データの両方	Ogg	・FLACやOpusなどを格納できる ・音質はMP3より優れる

表2-1　代表的な音声ファイルフォーマット

55

第3章

再生機器の変化と進化

　家庭用オーディオ機器で再生する音源がデジタル化され、ロスレスやハイレゾなどの高音質音源の比率が高まると、再生機器にもそうした変化に対応することが求められるようになります。21世紀に入ってからの約25年間は、特にデジタルオーディオ機器において重要な進化があり、信号伝送や信号処理だけでなく、機器の形態やサイズにも大きな変化が生まれました。

　製品を選ぶ基準も変わり、使いこなすためのノウハウも従来のオーディオとは異なるものになりました。以前の常識が通用しなくなったり、新たに身につけておくべき知識が増えたりと、さまざまな変化が起きているのです。特に、以前はオーディオに興味があり、熱心に製品の動向などを追いかけていたものの、その後なんらかの理由でオーディオから離れてしまったという場合、しばらくぶりにオ

第3章　再生機器の変化と進化

ーディオ専門誌を開いてもなにが書いてあるのか理解でき
ないということもあるでしょう。そんな人のために、まず
は**近年のオーディオ機器に起きた重要な変化と進化**を紹介
しておきます。

■再生機器のバリエーションの広がりと小型化

　音楽メディアの形態が変わると再生機器も影響を受け、
オーディオシステムの構成も変わります。従来の家庭用オ
ーディオはディスクプレーヤー、アンプ、スピーカーとい
う3つの機器でシステムを構成することが基本でしたが、
ネットワーク再生にはモーターやピックアップなどのメカ
ニズムが不要で、小規模な回路だけで作ることができま
す。その長所を活かして、プレーヤー本体を小型化する動
きが加速し、プレーヤーのサイズに合わせてアンプやスピ
ーカーにもダウンサイジングの波が押し寄せました。さら
にネットオーディオ機能をアンプやスピーカーに内蔵し
て、コンポーネントの基本機能を統合する動きも加速して
いますが、それについては後述することにします。

　まずは小型化ですが、最近のアンプやスピーカーは横幅
30 cm以内のコンパクトな製品が増えています。小型プリ
メインアンプやスリムなスピーカーは、奥行きが短いので
テレビ用ラックや薄型の家具にも収納でき、生活空間に溶
け込みやすくなっています（図3-1）。

　さらに横幅や奥行きを20 cm程度に小型化し、机の上に
置いても邪魔にならない「デスクトップオーディオ」と呼
ばれる小型システムも人気があります。かなり昔、ミニコ

図3-1　小型化の例
マランツ MODEL M1ワイヤレス・ストリーミング・アンプ

ンポと呼ばれるオーディオが爆発的に売れたことがありますが、デスクトップオーディオに相当する現代のコンポーネントはさらに小型化が進み、しかも中身は大幅に進化しています。

■小型化のデメリットはないのか？

　ところで「アンプやスピーカーの音質は、大きさや重さと密接な関係がある」というのが、これまでのオーディオの常識でした。小型化するとアンプの駆動力やスピーカーの低音再生能力が犠牲になってしまうとされていて、実際にその常識はいまでも多くの場合は正しいと言えるでしょう。アンプは十分な電源容量や放熱性能を確保しないと、安定した性能を実現するのが難しく、スピーカーはキャビネットの内容積に余裕がないと、低音の音圧や周波数範囲が制約されてしまうためです。プレーヤーは小型化できても、アンプやスピーカーの小型化には限界があるのです。

　しかし、その常識が最近は少しずつ変化しています。サイズの制約を克服する技術的な進化が起こり、小型でも優れたスピーカー駆動力を備えたアンプ、コンパクトなのに

第3章　再生機器の変化と進化

豊かな低音を再生するスピーカーが続々と登場しています。特にアンプは、従来は用途を限定して使われていた**「デジタルアンプ」（クラスDアンプ）の高音質化が進み**、高級オーディオを手がけるメーカーが積極的に導入する例も増えてきました。またスピーカーも、コンピューターを用いたシミュレーションや高度な測定技術を開発環境に導入することで、21世紀に入ってから性能が飛躍的に向上し、小型スピーカーは十分な低音再生ができないという常識は通用しなくなっています。

■オーディオの新常識──機能の集約化

　小規模な回路で構成できるネットオーディオの機能を活かすもう一つの流れとして注目したいのが、複数の機能を統合する**一体型オーディオ**への志向です。

　大きく重い製品を好むとともに、オーディオの世界では、機能ごとに独立したコンポーネントを組み合わせてシステムを構築する手法を評価する傾向があります。プリアンプとパワーアンプを独立させるセパレートアンプをはじめ、CDプレーヤーの信号読み取り機能とデジタル／アナログ変換回路を分離したセパレート型プレーヤー、左右を独立させたモノラルパワーアンプ、電源部と本体を別筐体とする設計など、高価格なハイエンドオーディオでは分離・独立は重要なキーワードの一つになっています。異種信号間の干渉を抑える、左右チャンネルのセパレーションを確保するなど、説得力のある理由があるとはいえ、そこにこだわりすぎるとコンポーネントの数が増え、システム

59

図3-2 ハイエンド ネットワーク・プリアンプの例 エソテリック N-05XD

の規模が大きくなってしまいます。

 そんな高級オーディオの常識を覆す新しい流れの一つとして、ネットオーディオの時代に入り**オーディオ機器の機能統合**が始まりました。プリメインアンプにネットワーク再生機能を統合したり、ネットワークプレーヤーにボリューム回路を内蔵して「ネットワーク・プリアンプ」という新ジャンルの製品を作ったりと、新たな提案をする国内外のメーカーが相次いでいるのです（図3-2）。

 その流れはスピーカーにも及び、アンプとスピーカーを合体した「アクティブスピーカー」や、ネットワークプレーヤーとアンプの両方をスピーカーに内蔵するオールインワン型の製品まで登場しています。後者は音質より使い勝手を重視した安価な「ワイヤレススピーカー」として従来から発売されていたジャンルの延長線上に位置する製品に見えますが、音質優先のハイファイ向けに設計した製品であり、かつてのワイヤレススピーカーの音とは雲泥の差があります（図3-3）。アクティブ型スピーカーのハイファイ志向が強まったのは、比較的最近のことです。

第3章　再生機器の変化と進化

図3-3　高音質ワイヤレス・アクティブスピーカーの例
KEF LS60 Wireless

■集約化のメリット

　機能を統合すると、どんなメリットがあるのでしょうか？　すぐ思いつくのは設置スペースを確保しやすいという点で、リビングルームなど生活空間ではそれだけでも大きな長所になり得ます。音の良いオーディオが欲しいけれど、サイズがネックで導入を諦めたという人もいると思いますが、最近はそんな人にもお薦めしやすいスペースファクターの優れた製品が増えてきました。

　音質と機能に注目しても、一体型には複数の長所があります。ネットオーディオは音楽信号をデジタル信号で処理し、伝送することが基本です。コンポーネントが複数に分かれている場合、それらの機器間の伝送をデジタルで統一できればよいのですが、メーカーによって伝送規格が異な

っていたり、アナログ入出力しか付いていない製品の場合は、デジタルとアナログの変換処理が必要となり、そこで音質劣化や情報の損失が起こる恐れがあります。

　ネットワークプレーヤーとアンプ間などでデジタル信号のまま、またはデジタル信号同士でデジタル／デジタル変換を用いて信号の受け渡しを行えば、それだけ音質劣化の要因が少なくなるため、機器間の接続ケーブルが不要な一体型には音質上のメリットがあります。

　操作性や使い勝手が向上するメリットも見逃せません。ネットワーク機能を統合すると、選曲、音量調整、入力切り替えなどの基本的な操作を統合し、スマートフォンやタブレットで一括して操作できるようになります。従来のオーディオシステムでは、複数のコンポーネントの電源を入れ、入力を切り替えてからメディアの準備をし、音量を調整するといった一連の操作が必要でしたが、ネットオーディオの環境を手に入れると、それら一連の操作を数秒で行うこともできます。そこまで短時間の操作は求めていないと思うかもしれませんが、特に選曲操作については恩恵が大きいのです。聴きたい音楽に瞬時にアクセスできる便利さは、音楽の聴き方まで変えてしまうほど大きな影響があります。

■ネットワークプレーヤー

　ここまで紹介してきたオーディオ機器の進化はネットワーク再生の普及と密接な関係があり、データ再生ならではの長所を取り込んだ結果、新たに生まれたアイデアが実を

第3章　再生機器の変化と進化

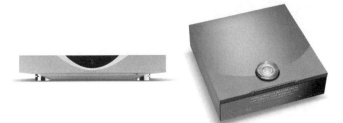

図3-4　リンのKLIMAX DS（第1世代）と最新の
　　　　KLIMAX DSM（右）

結んだと言えます。

　一方、機能の統合や一体化が進んでいるとはいえ、ネットワーク再生を担うオーディオ機器の中心として「**ネットワークプレーヤー**」がいまも重要な役割を演じています。そして、ひとくちにプレーヤーと呼んでいますが、現在では多くのバリエーションが登場しており、それぞれ接続方法や機能に違いがあります。機器の役割と機能に注目しながら整理してみましょう。

　ネットワークプレーヤーの基本形は、ネットワークインターフェース（LAN／Wi-Fi）とアナログ音声出力を備える単独のプレーヤーで、従来のCDプレーヤーに代わる存在とみなすことができます。ネットワークインターフェースとはLAN／Wi-Fiを経由してネットワークと通信する機能のことで、配信されたデータを受け取ったり、希望の曲をリクエストしたりする機能です。アナログ音声出力というのは配信されたデジタルデータを、D／A変換によってアナログ信号にする機能です。

63

2007年にイギリスのオーディオメーカーのLINN（リン）が発売したKLIMAX DSが源流で、デジタル信号の**デコード機能**やデジタルアナログ変換（D／A変換）回路を内蔵しています。KLIMAX DSはネットワークプレーヤーのなかでは最もシンプルな形態で、大半の操作はスマートフォンやタブレットのアプリで行うことが基本です。ちなみにネットワークプレーヤーと内容は同じですが、海外製品を中心にネットワークプレーヤーを「ストリーマー」と呼ぶこともあります（図3-4）。

　ネットワークプレーヤーは10万円以下の普及価格帯から500万円を超える超高級機（ハイエンド）まで非常に幅が広く、参入メーカーが多いので選択肢も豊富です。特に普及価格帯からミドルクラスの製品の充実ぶりが著しく、ストリーミングに重点を置いて本体での操作性を改善するなど、シンプルな操作感を追求した従来のネットワークプレーヤーとは異なる志向の製品も見受けられます。

■ネットワークプレーヤーの複合機

　ネットワークプレーヤーの機能にプリアンプやプリメインアンプの機能を統合したコンポーネントも、一つのジャンルを築いています。さきほど紹介したリンの製品も現在は世代交代が進み、プリアンプやプリメインアンプを内蔵する製品が中心を占めるようになりました。ネットワーク入力に加えてアナログ入力やデジタル入力を備え、さらにボリューム回路も内蔵するので、パワーアンプやアクティブスピーカーを直接つなぐことで、スピーカーを含め3コ

64

第3章　再生機器の変化と進化

ンポーネントまたは2コンポーネントの簡潔な再生システムを組むことができます。手持ちのCDプレーヤーやLPレコードプレーヤーもアンプ内蔵ネットワークプレーヤーに接続できるため、システムの拡張性を確保できるメリットも大きいです。

■ネットワークトランスポート

　ややマニアックな仕組みになりますが、符号化された音楽信号を復号（デコード）する機能などネットワークプレーヤーの一部の機能を独立させ、デジタル出力をD／Aコンバーターに送り出す「ネットワークトランスポート」と呼ばれる製品も発売されています。すでに手元に愛用のD／Aコンバーターがある場合や、プリアンプ機能を内蔵したD／Aコンバーターとペアを組むという用途に使用します。dCS（イギリス）、プレイバックデザインズ（アメリカ）、エソテリック、ラックスマン（日本）など、ハイエンドオーディオメーカーの一部がこの形式の製品を発売しています。

　ネットワークトランスポートの出力端子はデジタルのみで、USBのほか、同軸や光出力、さらに独自規格の端子を装備する例があります。例えば、プレイバックデザインズのネットワークトランスポートMPS-Xは、同社がP-LINKと名付けた独自仕様の光ケーブルでトランスポートと同社のD／Aコンバーターをつなぐことを推奨しています（99ページ「コラム5」参照）。

　ネットワークプレーヤーごとに再生できる定額制音楽配

信に違いがあることも重要な課題の一つです。メーカーと配信サービスがサービスを利用するための情報を共有して適切に連携し、ライセンス契約を結ぶ必要があるため、メーカーや製品ごとに対応が変わってしまうことが原因です。ユーザーの立場では、契約しているサービスや将来使おうとしているサービスが利用できるかどうか、プレーヤーごとに確認する必要があります。

　特に『アマゾン ミュージック』と『アップル ミュージック』は対応メーカーに制約があり、前者はデノンやマランツ（日本）など、「HEOS」と呼ばれるソフトウェアを採用するネットワークプレーヤーが対応しています。そのほか、リンやLUMIN（ルーミン　香港）が『アマゾン ミュージック』への対応を準備中ですが、明確な時期は明らかになっていません。

　また『アップル ミュージック』が再生できるとカタログなどに書いてあっても、それはアップルのAirPlayと呼ばれる利便性を重視したワイヤレス中心の伝送方式のことを指しているのが大半です。AirPlayは伝送できるサンプリング周波数に最大で48 kHzまでという制約があり、ハイレゾ音源の多くはダウンサンプリングという処理で情報を間引くことになり、最良の音質を得ることができません。『アマゾン ミュージック』と『アップル ミュージック』の再生方法については、具体的な製品を紹介しながら第2部で詳しく解説します。

第4章 ストリーミングサービスの選び方

　ロスレスやハイレゾなど高音質で楽しめる定額制ストリーミングサービスに限定すると、2024年6月時点で日本国内では、『アマゾン ミュージック』『アップル ミュージック』の2種類の定額制音楽配信サービスが稼働中です。そして、3番目の高音質サービスとして『Qobus』が2024年秋以降にスタートする予定です。さらに時期は未定ですが、『TIDAL』も近々配信開始予定です。どのサービスも約1億曲という膨大な楽曲をそろえており、料金も1ヵ月あたり980円から1300円前後と比較的低価格に抑えられています。

　CD1枚分に満たない出費で好きな音楽が聴き放題というのは、非常に魅力的に思えますが、その長所を活かすには、さまざまな機能を使いこなしながら持続して使い続けることが前提になります。契約自体はいつでもキャンセル

できますが、真価を理解する前に解約してしまうと、充実したライブラリや優れた音質など、音楽ファンやオーディオファンにとって重要な価値をみすみす逃してしまうことになりかねません。スムーズに使いこなすためには、あらかじめそれぞれのサービスの特徴を理解し、最適な定額制サービスを選ぶことが重要になります。

■どの定額制サービスを選ぶか

　3種類の定額サービスは数字だけ見ると似通っているように見えますが、実際にはそれぞれのサービスごとに長所と短所があり、使い勝手や操作性も同じではありません。そして、非常に重要なことですが、**再生機器ごとに利用できるサービスが異なる**という問題があります。つまり、**利用するサービスと再生機器の組み合わせを考慮しながらそれぞれを選ぶ必要がある**のです。本来ならどのネットオーディオ製品でもすべてのサービスを快適に使えることが望ましいのですが、いまのところまだその環境は実現していません。

　再生機器選びも大切ですが、その前にどのサービスを選べば快適に音楽を楽しむことができるのか、内容を吟味して判断することが重要です。まずはそれぞれの定額制音楽配信がどんなユーザーに向いているのか、探ってみることにしましょう。

■自分のニーズを具体的に考えてみる

　自分にとって最も魅力的な配信サービスを選ぶために、

第4章　ストリーミングサービスの選び方

自分のニーズを具体的に考えてみましょう。

　判断の基準として次のような項目が考えられます。

　①カタログと音楽ジャンル

　　　楽曲の充実度、主にどんなジャンルの音楽を聴くの
　　　か？

　②選曲方法

　　　音楽に集中して楽しむのか、バックグラウンドで流
　　　しておくのか？　またはその両方か？

　③再生スタイル

　　　アルバムまるごと聴くのか、曲単位にランダムに聴
　　　くのか？

　④再生機器

　　　どんな再生方法が中心か？　スマートフォンやタブ
　　　レットで再生してオーディオシステムで聴くのか？
　　　本格的なネットワークプレーヤーで聴くのか？

　⑤楽曲情報

　　　楽曲や作品に関連した情報は充実しているか？

以下、具体的に説明します。

■楽曲を提供していないアーティストもいる

　3つの定額制音楽配信は、いずれも約1億曲という膨大
なライブラリをそろえています。これを1枚あたり15曲
と想定してアルバムに換算すると、660万枚という気が遠
くなるような数字になりますが、いくら数が多くてもあら

69

ゆるジャンルのすべての音源がそろっているわけではありません。そもそも音楽配信への楽曲提供に消極的だったり、全く提供していなかったりするアーティストの曲は聴くことができません。

　日本の音楽ファンならJ-Popのライブラリが充実しているかどうかが気になると思いますが、定額制音楽配信への楽曲提供を解禁していない著名なアーティストは意外に多く、なかには特定のサービスだけに提供している例もあります。お気に入りのアーティストの作品が聴けるかどうか、無料のお試し期間中に確認しておくことをお薦めします。

　例えば、『アマゾン ミュージック』の上位プランである『アマゾン ミュージック アンリミテッド』は1億曲のなかから好きな曲を任意の曲順で再生することができ、カタログは邦楽、ジャズ、クラシックも含めて充実しています。しかし定額制音楽配信に限定して楽曲を提供していないメジャーなアーティスト（B'z、山下達郎など）も複数存在するので、注意が必要です。

■検索のしやすさ

　カタログは充実しているのですが、そのなかから希望の楽曲やアーティストを短時間で見つけられるかどうかは別問題で、特に海外アーティストの場合、日本語だけでなくアルファベットでも検索するなど、キーワードを工夫しないと表示されないケースも少なくありません。『アマゾン ミュージック』は、カタログの充実だけでなく、検索機能

第4章　ストリーミングサービスの選び方

を洗練させ、精度を上げることが課題といえそうです。

『アップル ミュージック』も約1億曲とカタログの充実ぶりはアマゾンと同様ですが、前述した通り、標準アプリの「ミュージック」に加えて、クラシックに焦点を合わせたアプリ「クラシカル」を用意していることに強みがあります。2つのアプリから呼び出せるカタログは共通でも、その膨大なライブラリから適切に選曲する方法を用意することで、目的の楽曲を探し出す精度は格段に向上しているのです。「ミュージック」は、『アマゾン ミュージック』と同様に、海外アーティストの一部にアルファベットで入力しないと検索できない例がありますが、比較的見つけやすい印象があります。

『Qobuz』は高音質ストリーミングのさきがけとなったサービスだけに、ハイレゾ音源のカタログが充実していることが特徴です。CD相当の楽曲を約1億曲そろえている点は他のサービスと同様ですが、そのなかでハイレゾ音源がアルバム換算で24万枚以上と充実しており、ダウンロードで購入できる音源のなかにはDSDやDXD（384 kHz/24 bitの高音質なPCMフォーマット）など、ストリーミング方式の音楽配信では聴くことができない超高音質音源も含まれます。再生できるプレーヤーがある程度限定されてしまうという問題はありますが、最高品質の録音に興味のある音楽ファンやオーディオファンなら『Qobuz』が第一候補に上がるはずです。

『Qobuz』は日本の音楽市場への参入にさきがけて『e-onkyo music』を傘下に入れ、邦楽やアニメ系など日本

固有の楽曲ライブラリの充実を目指しました。サービスの開始前ですが、邦楽系コンテンツは他の配信サービスに大きく劣らない程度に充実しており、日本語での検索精度も確保しています。

■選曲方法

　定額制音楽配信にはサービスの一部に「プレイリスト機能」があり、新譜や注目アーティストを集めたプレイリストのほか、時間帯やその時の気分に応じてセレクトした曲が自動的に配信されるお薦めプレイリストなど、さまざまな提案をしてきます。お気に入りの登録内容や再生履歴からお薦めの音源を抽出するリスナーごとのプレイリストもあり、再生回数が増えるほど、聴き手の好みに近い楽曲やアーティストの提案が増える傾向があります（図4-1）。

　音楽の聴き方は人それぞれで、環境も千差万別。部屋でじっくり楽しむのも、外出先でヘッドホンで聴くのも聴き手の自由です。そして、曲の選び方にも決まったルールはありません。提案されるプレイリストを歓迎する人がいる一方で、聴きたい曲はいつも自分で選びたいという人もいます。

『アマゾン ミュージック』はプライム会員向けに追加料金なしで聴き放題サービスを提供していますが、同サービスが数年前に再生可能な楽曲数を最上位の『アンリミテッド』と同じ1億曲まで拡張した際、スキップ（曲送り）制限をかけたシャッフル機能を導入したことがあります。聴きたい曲と傾向の近い楽曲をランダムに再生し続け、なか

第4章　ストリーミングサービスの選び方

図4-1　プレイリストの一例（『アマゾン ミュージック』）

なか目的の曲がかからない仕組みに対して、反対意見が数多く寄せられました。ユーザーの声に応えて、一部の制限はある程度緩和されスキップ機能も利用できるようになりましたが、聴き手の選曲の自由を奪うような過剰な提案が歓迎されないという事実が浮き彫りになりました。

『アマゾン ミュージック アンリミテッド』『アップル ミュージック』『Qobuz』はいずれも提案型のプレイリスト機能が利用できますが、再生履歴やお気に入りアーティストの一覧を最初に表示するなど、ユーザーが好みの楽曲を選びやすいように工夫を凝らす例が増えてきました。『Spotify』のような手軽なサービスに比べて、高音質を前面に出した定額制配信はリスナーの選曲の自由度を重視する傾向があります。聴き放題サービスが普及すると聴き手の鑑賞スタイルが変わる可能性があるので、簡単に結論を出すことはできませんが、プレイリストの提案が画面を埋め尽くすようなスタイルは次第に減っていくのではないで

しょうか。

■特徴ある『Qobuz』アプリの選曲方法

　その代表的な例が『Qobuz』のアプリです。画面最上部に「見つける」「お気に入り」「プレイリスト」など目的別アイコンが並んでいて、例えば「お気に入り」を選ぶと登録済みのアルバムやアーティストの一覧だけが画面に表示されます。なにを最優先で表示するかをカスタマイズでき、次に起動した時にも同じ画面が表示されるので、余分な情報に惑わされず、目的の楽曲やアーティストにすぐにたどり着くことができます。もちろんどの画面にも検索キーワードの入力欄が表示されているので、そこから任意の作品やアーティストを検索することもできます。音楽を聴くスタイルを自分で決めたい音楽ファン・オーディオファンは、『Qobuz』の選曲の仕組みを心地良く感じるのではないでしょうか。

　第2章で紹介したように、『アップル ミュージック クラシカル』は作曲者、指揮者、楽器、ソリストなど他のジャンルとは異なる基準で音源を探す機能が充実しており、クラシック分野に限られるとはいえ、きめ細かい検索ができる利点があります。目的の作品にたどり着く経路が多いという点では『Qobuz』よりも優位に立っており、第2部で紹介する上級者向けの再生ソフト『Roon』（ネットワーク音楽再生に特化した高機能なアプリ）よりも優れた部分もあります。

第4章　ストリーミングサービスの選び方

■再生スタイル

　ディスクから配信への移行が進むに従って、アルバムの
概念が以前ほど重視されなくなり、楽曲（トラック）単位
で聴くスタイルが広がりました。ポピュラー系の音楽では
以前からその傾向が強かったとはいえ、作品性を重視する
アーティストはアルバムにこだわり続け、コンセプトや独
自性を前面に出しています。

　『アマゾン　ミュージック』は検索結果にトラックが優先
的に表示されますが、画面をスクロールすると、アルバム
の一覧も表示されるため、操作に慣れればトラックかアル
バムで間違えることは少なくなります。また、検索したア
ーティストのページで「リリース」を選ぶと、アルバムと
シングルを選ぶボタンが表示され、どちらか一方だけを一
覧表示することもできます（図4-2-1）。

　『Qobuz』のアプリでは基本的にアルバムが優先的に表示
されますが、表示する基準を自分で選べるため、自由度が
高く、ユーザーが自分の好みに合うスタイルにカスタマイ
ズすることができます（図4-2-2）。

　『アップル　ミュージック』は両者の中間的な仕様で、検
索結果のすぐ下に「曲」「アルバム」を選ぶタブが表示さ
れるため、どちらを優先的に表示するか、選ぶことができ
ます（図4-2-3）。

　『アップル　ミュージック　クラシカル』はアルバムを優先
的に表示する仕組みになっていますが、これは交響曲や協
奏曲などの作品を楽章ごとにバラバラに聴くことを基本的
に想定していないクラシックの特性を考慮したもので、理

75

図4-2-1 『アマゾン ミュージック』の検索結果(部分)

図4-2-2 『Qobuz』の検索結果(部分)

第4章　ストリーミングサービスの選び方

Q テイラー・スウィフト（Apple Music）

上位の検索結果　　アーティスト　　アルバム　　曲　　プレイ

Shake It Off
テイラー・スウィフト

We Are Never Ever Getting Back Together
テイラー・スウィフト

図4-2-3　『アップル ミュージック』の検索結果（部分）

にかなっています。『アップル ミュージック クラシカル』は共演アーティストや関連アーティストの情報が充実していることにも特徴があり、指揮者とソリスト、室内楽の共演者などのアルバムを探す時に役立ちます。

■再生機器

再生を担う機器としてスマートフォンやタブレットなどのモバイル端末を使うか、またはオーディオ専用設計のネットワークプレーヤーを使うか、2つの選択肢があります。『アマゾン ミュージック』と『Qobuz』はそのどちらでも再生ができますが、ネットワークプレーヤー側の対応の有無は事前に調べておく必要があります。特に『**アマゾン ミュージック』を再生できる製品は一部のメーカーに限られていました**が、2024年前半以降は徐々に対応機器が増え、ネットワークプレーヤー本体でのサポートが広がっています。『**Qobuz』は高価格モデルを中心に従来から**

対応が進んでいましたが、2024年の正式なサービス開始のタイミングを待ってサポートを開始予定のメーカーもあり、こちらも対応の有無を事前に調べておくことをお薦めします。

　モバイル端末本体での再生はイヤホンやヘッドホン専用とみなすべきでしょうが、端末によっては家庭用のオーディオシステムにつないで高音質で聴くことができます。Wi-FiやBluetoothなどワイヤレス接続でオーディオ機器に信号を飛ばせば簡単ですが、音質の劣化が気になります。一方、モバイル端末のUSB-C端子などからデジタル信号を取り出すことができれば、オーディオ用途のUSB入力付きD／Aコンバーターに接続し、オーディオシステムでハイレゾ音源を楽しむことができます。前者は手軽ですが音質の制約があり、後者は高音質ですが使い勝手があまり良くありません。

　しかし、いまのところ『アップル ミュージック』に対応するネットワークプレーヤーはごく限られ、この２つのどちらかで再生するしか方法がありません。利用者が多く、再生アプリの完成度が高いだけに、再生環境が制約を受けるのはなんとも残念としか言いようがありません。

■『アップル ミュージック』の再生方法

　例として『アップル ミュージック』の再生方法を具体的に説明しましょう。

　ワイヤレス接続のなかである程度の高音質が期待できるのはWi-Fi接続で、『アップル ミュージック』では

第4章　ストリーミングサービスの選び方

「AirPlay」と呼ばれる規格を利用します。同じワイヤレス接続でもBluetoothは音楽信号を圧縮して伝送するため、音質の劣化が避けられず、カジュアルな用途以外ではお薦めできません。「AirPlay」でもサンプリング周波数の上限が48 kHzにとどまるなど、『アップル ミュージック』で提供している96 kHz/24 bit、192 kHz/24 bitなどのハイレゾ音源の真価をそのまま送信することができず、音質が制約されてしまいます。アップルの「AirPlay規格」に対応するオーディオ機器は多数存在しますが、どの製品を使っても音質の制約から逃れることはできません。アップル製の『Apple TV＋』も事情は同じです。

　もう一つの方法はスマートフォンやタブレットのUSB端子とUSB入力を装備するＤ／Ａコンバーター、または同等の機能を内蔵するアンプやCDプレーヤーにつなぐというものです（図4-3）。スマートフォンやタブレット上のアプリで選曲操作を行うと同時に、音源の再生もスマートフォンやタブレットが担うことになります。ワイヤレス接続に比べれば音質面では優位に立ち、ハイレゾ音源も情報を間引くことなく再生できますが、USB接続のＤ／Ａコンバーターをつなぐのはパソコンをネットオーディオ再生に使っていた頃と同じ方法で、使い勝手が良いとは言えず、音質面でも最良とはいえません。その課題を少しでも回避するためのノウハウは、第２部で具体的に紹介します。

図4-3 iPadとUSB DACを接続してハイレゾ音源を再生する

■楽曲情報

　楽曲や作品に関連した情報を表示する機能が最も充実しているのは『Qobuz』です。演奏者の詳細なプロフィールがそろっていることに加えて、独自に制作した「マガジン」という名の記事ページがあり、インタビューやレビューなどさまざまなテーマの記事を自由に読むことができます。記事の多くは英語など原文のほか各国語に翻訳されており、日本語の記事も増えていく見込みです。

　『アップル ミュージック』は「バイオグラフィー」として一部アーティストのプロフィールを提供しており、日本語で読めます（図4-4）。アーティスト情報については、『アップル ミュージック』と『アップル ミュージック クラシカル』でほぼ同じ内容を共有しているようです。

第4章　ストリーミングサービスの選び方

図4-4　楽曲情報、バイオグラフィーの表示例

『アマゾン ミュージック』はアーティストのバイオグラフィーを用意していませんが、関連アーティストや参加アルバムの一覧表示機能が充実しているため、そこから次に聴くアルバムを選びたい時に威力を発揮します。

第2部

クイック・スタート・ガイド

第5章 ネットワークプレーヤーの選び方

　ここからはネットオーディオを始めるための**準備や設定方法、機材の選び方**などを具体的に紹介していきます。

■ネットオーディオの基本概念

　ネットオーディオのシステムの全体像とデータの流れを理解するために、既存のオーディオシステムとの違いを図に示しました（図5-1）。これまでのオーディオ再生はCDなどパッケージメディアをプレーヤーで再生するという一方向のプロセスが中心で、LPレコードのようなアナログ信号の場合はデジタル／アナログ変換機能（D／Aコンバーター）も必要ありません。信号の流れはシンプルで変換処理は最小限ですが、信号処理と伝送系の両方でアナログ特有の音質劣化が発生することは避けられません。

　一方、ネットオーディオはネットワークプレーヤーの出

第5章 ネットワークプレーヤーの選び方

■ パッケージメディアシステム（既存のオーディオ）

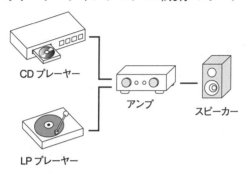

■ ネットオーディオシステム

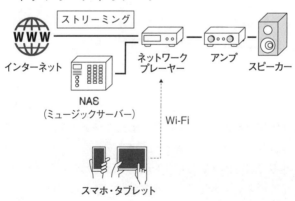

図5-1　パッケージメディアとネットオーディオの概念図

口まですべてデジタルで信号処理とデータの受け渡しを行うことに特徴があり、NAS（ネットワーク接続記憶装置）からネットワークプレーヤーまでの信号伝送と、操作に必要な情報のやり取りに家庭内ネットワーク（LAN）を利用します。さらに、本書の中心テーマである**定額制音楽配信（ストリーミングサービス）の場合はインターネット上のサーバーに音楽データが保存されている**ため、家庭のオーディオシステムにはインターネットを通じて配信されます。

ストリーミングは**インターネットと家庭内ネットワークという2種類のネットワークを使用する**ことに加え、信号処理のプロセスも複雑になりますが、方法を適切に選べば信号の変換や符号化／復号の過程で音質が劣化することはありません。デジタルならではの強みです。

46ページ図2-6に示した信号処理のなかに、音楽信号の**符号化（エンコード）と復号（デコード）**というプロセスがあります。ネットオーディオではおなじみの信号処理ですが、リニアPCMという比較的シンプルなデジタル変換技術を使っていたCD時代とは様変わりしていて、**種々の音声圧縮技術を用いた「複数の形式（ファイル形式）の異なる音楽データ」が配信**されています。

本書で取り扱う高音質音楽配信の大半は、復号されたとき元の音楽データと異なり音質劣化（情報の欠落や変化）のある非可逆方式の符号化ではなく、元の音楽データと完全に一致する**可逆方式の符号化**を用いています。ただし、一部のダウンロード配信やストリーミングサービスでは非

第5章　ネットワークプレーヤーの選び方

可逆方式の符号化が使われている例もあります。個々の符号化の仕組み（ファイル形式）を理解しておく必要はありませんが、ネットオーディオの方が信号処理は複雑になり、**再生機側に「圧縮されたデータを元の音楽情報に復号するデコード回路」が必須となる**ことは頭に入れておきましょう。

■【選び方その1】ネットワークプレーヤー選びのチェックポイント

　これまでも触れてきた通り、ネットワークプレーヤーはデータ再生の中心に位置する重要なコンポーネントです。ストリーマーと呼ぶこともありますが、ほぼ同じ意味です。

　主な機能は**ネットワーク経由で受信した音楽データの方式（ファイル形式）やサンプリング周波数などを識別して適切な復号（デコード）を行い、デジタル／アナログ変換を行って音楽信号を出力する**ことです。復号とアナログ化の2つの作業です。アナログ信号を出力するという点ではCDプレーヤーと変わらないので、アンプから見たらどちらもソースコンポーネント（音源を再生するプレーヤー）ということになります。

　多くのCDプレーヤーと同様、デジタル出力付きのネットワークプレーヤーの場合は、プレーヤー内蔵のD／A変換回路を使わずに、デジタル信号のまま他のD／Aコンバーターに受け渡すこともできますが、その場合は**ネットワークプレーヤー側のデジタル出力とD／Aコンバータ**

図5-2　入出力端子

一側のデジタル入力が同一の端子を装備している必要があります。同軸ケーブル、光ケーブルが一般的ですが、プレーヤーとD／Aコンバーターどちらも USB 端子が付いている製品が増えてきました。対応するファイル形式が充実している **USB接続**がお薦めです（図5-2）。

「D／Aコンバーター非内蔵のネットワークプレーヤー」つまり復号専門のコンポーネントも発売されており、**ネットワークトランスポート**と呼ばれています（図5-3）。ネットワークトランスポートはデジタル接続が前提の機器なので、手持ちのD／Aコンバーターに合わせて接続ケーブルを選んでください（コラム５『メーカー独自のリンク』参照）。ネットワーク側にLANケーブルをつなぎ、出力側にUSBケーブルをつなぐことになり、アナログ接続がないので配線は非常にシンプルです。

　ダウンロード配信サイトで購入したさまざまなファイル形式の音楽データを所有している場合は、それらの音源のファイル形式をネットワークプレーヤーがサポートしてい

第5章　ネットワークプレーヤーの選び方

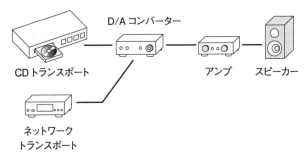

図5-3　CDとネットオーディオの兼用D/Aコンバーター使用の場合

るかどうか、事前に確認しておく必要があります。55ページ表2-1に紹介したようにさまざまな形式がありますが、**高音質配信サイトで実際に販売しているのはFLAC、DSD、WAVが中心**で、それらの高音質ファイルを補う目的でMP3やAACなど非可逆方式の圧縮音源を販売している例もあります。

『Qobuz』『NativeDSD』（オランダの配信サイト）など一部の配信サイトで販売しているDSD形式の音楽データベースのなかには、5.6 MHz、11.2 MHzなどサンプリング周波数が高い音源がありますが、ネットワークプレーヤーによってはそこまで対応していない製品もあるので、事前に確認しておきましょう。5.6 MHzのDSD音源はDSD128、11.2 MHzはDSD256と表記することもあります。

■【選び方その2】専用機を選ぶ——そのメリットは？

ネットワーク再生機能をアンプやスピーカーに組み込む

例が増えてきたことは、第3章で触れました。それらの複合機と単機能のネットワークプレーヤー、どちらを選べばよいのでしょうか。

　性能面では単機能の製品の方が有利なことは容易に想像がつきます。アンプなど他の機能と共存させる必要がないので回路設計に余裕が生まれ、電源部やアナログオーディオ回路にも十分な容量やスペースを割くことができます。他の機能と独立させることで異種信号間の干渉を抑え、妥協のない音質改善を行えるメリットも無視できません。

　進化のスピードが速いデジタルオーディオ機器は、発売から時間が経つと一部の技術や機能が古くなり、最新モデルと比べて見劣りしてしまうことがあります。ネットワークプレーヤーにもそれが当てはまるので、複合機の場合、ネットワーク機能を最新の性能に引き上げるためにアンプやスピーカーなども一緒に買い替えることになってしまい、無駄が生じかねません。その点でも専用機の方が安心できると言えるかもしれません。

　ただし、複合機とはいってもリンのKLIMAX DSMやSELEKT DSMのようにハードとソフトのアップグレードができる製品の場合は、常に最新の状態に更新できるため、その心配は不要です。

■【選び方その3】アプリの使い勝手

　CDプレーヤーとネットワークプレーヤーの最大の違いは操作方法にあります。リモコン付きの製品もありますが、ネットワークプレーヤーはスマホまたはタブレットに

第5章　ネットワークプレーヤーの選び方

インストールしたアプリを操作して選曲や設定を行うことが基本です。NASの音源をLAN経由で再生する場合だけでなく、検索機能を使えばストリーミングサービスのカタログも手元の操作端末の画面に呼び出せるので、まるで膨大なライブラリがスマホやタブレットに入っているように思えるかもしれません。

アプリはネットワークプレーヤーのメーカーが独自に開発したものと、サードパーティ製の汎用アプリがあります。いずれも画面レイアウトやメニュー画面のレイヤー構成など、使い勝手が良くなるように工夫を凝らしていますが、実際に使ってみると使いやすさにかなり違いがあることがわかります。よく聴く曲を登録して頻繁に聴くのか、キーワードを活用したアーティスト検索やアルバム検索をよく利用するのかなど、音楽を聴くスタイルによっても使

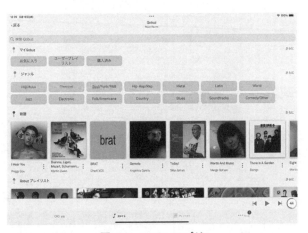

図5-4　LINN アプリ

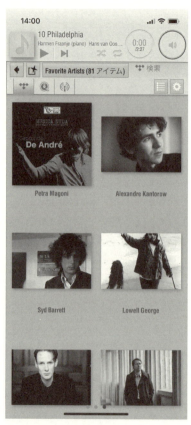

図5-5 「LUMIN アプリ」

いやすさは変わります。

定評があるアプリとしてリンの「LINN アプリ」(図5-4)やルーミンの「LUMIN アプリ」(図5-5)などが有名です。「LINN アプリ」はシンプルな画面レイアウトで

92

第5章　ネットワークプレーヤーの選び方

すが必要な機能は確実に押さえており、反応の速さも特筆すべきものがあります。「LUMIN アプリ」はルーミン製のネットワークプレーヤー以外にも各社に提供している例が多く、非常に多機能にもかかわらず、動作は高速で安定しています。

■【選び方その4】各種ストリーミングサービスへの対応

　ここは特に重要なポイントですが、**選曲にスマホやタブレットを使うとはいえ、音楽データをスマホやタブレットからネットワークプレーヤーに送信するわけではありません。**スマホで選んだ音源のデータは、NASまたはストリーミングサービスのサーバーからネットワークプレーヤーに直接送信され、スマホやタブレットを経由することはありません。その方が音質面で有利なのはもちろん、スマホに電話がかかってきても再生が中断しないなど、音楽を集中して楽しむことができる良さもあります。

　LANでつながっている機器の間で音楽データをやり取りするために、一定のルールを決めておく必要があります。また音楽データだけでなく、例えば次に再生する音源の情報や選曲した楽曲一覧（プレイリスト）など、音楽データに付随した情報も事前に機器間で共有されていれば、快適な使い勝手を実現することができます。そうした音楽データとそれに付随した情報を、LANにつながった機器の間で送受信するためのルールを**配信プロトコル（ストリーミングプロトコル）**と言います。プロトコルというのは、信号やデータ、情報を互いに送受信可能なように、あ

93

らかじめ決められた規格や手順のことをいいます。

　代表的な配信プロトコルは**UPnP**という方式で、大半のネットワークプレーヤーが対応しています。UPnPのなかでも**OpenHome**と呼ばれるプロトコルに対応していると一貫した操作感が得られるので、対応の有無を事前に確認しておくとよいでしょう。

　ストリーミングサービスによっては、独自の配信プロトコルを採用している例もあります。例えば、高音質ストリーミングサービスの一つとして海外での利用者が多い『TIDAL』は、最近になって「**TIDAL Connect**」という機能が使えるようになりました。同機能に対応したネットワークプレーヤーを使っていれば、『TIDAL』のサーバーから音楽データを直接プレーヤーにワイヤレス配信（Wi-Fi）することができます。

　『アップル』の「AirPlay」を使えばスマホから音楽をオーディオ機器に飛ばすことができますが、「TIDAL Connect」はスマホを経由しないので音質が優れ、ハイレゾ音源も音質を劣化させることなくワイヤレスで再生できます。「AirPlay」は44.1 kHz/16 bitでデータを受け渡す仕様なので、ハイレゾの音源を選んでも実際にはCD相当の音質になってしまう弱点があります。「TIDAL Connect」は最大192 kHz/24 bitで高音質のワイヤレス再生ができ、しかも「AirPlay」と同様に簡単に使いこなせるという長所があります。『TIDAL』が日本でサービスを開始した場合、この便利な機能を複数のオーディオ機器で使えるようになる見込みです（『TIDAL』の日本導入時期は未定）。

第5章　ネットワークプレーヤーの選び方

その他にも、配信プロトコルには第9章で紹介する「Roon（ルーン）」がありますが、「Roon」もプレーヤーによって対応の有無が異なるので注意が必要です。

■【選び方その5】価格

単機能のネットワークプレーヤーの価格にはかなり大きな幅があり、10万円未満の入門機から500万円を超えるハイエンド機まで、数十倍に及ぶ差があります。CDプレーヤーのようなメカニズムが不要なので生産コストを低く抑えられるとはいえ、ハイエンドクラスの製品はシャーシやケースの作りにもこだわり、電源部を独立させるなど独自の設計思想を導入して構成が複雑になり、それが価格に反映されて販売台数も限定的になってしまいます。音へのこだわりを深めるほど、価格が上昇するのはネットワークプレーヤーに限った話ではなく、アンプやスピーカーなど他のコンポーネントも同じです。さらに言えば、実用ではなく趣味の領域なので価格競争とは縁がなく、高級機ほど価格が跳ね上がる傾向があります。

一方、**20万円から40万円前後の中級機の価格帯**にも数多くの製品がそろっており、音楽ファンとオーディオファン両方からの注目度が高いカテゴリーになっています。国内オーディオメーカーだけでなく海外メーカーの製品も急速に増えているので、選択肢は豊富です。長く使える優れた製品を探しているなら、まずこの価格帯に狙いを定めて製品選びを進めるといいかもしれません。

100万円前後まで対象を広げると、エソテリック、ラッ

図5-6 代表的なネットワークプレーヤー
(上) LUMIN D3 (中) LINN KLIMAX DSM (下) marantz M-CR612

クスマン、リンなど国内外のハイエンド・オーディオメーカーの製品が候補に上がります。一貫した設計思想や妥協のない回路設計、そして洗練されたデザインなど、入門機や中級機とは一線を画すこだわりがあり、再生音の音質に

第5章　ネットワークプレーヤーの選び方

もそのこだわりが反映されています。純粋に音で絞り込んでいくと、この価格帯の製品群が視野に入ってくるはずです。

　現在、日本で販売されている代表的なネットワークプレーヤーを、巻末にまとめました。ネットワークプレーヤー選びの参考にしてください。

■ネットワーク環境の準備

　ネットワークプレーヤーを導入する前に、ネットワーク環境をあらためて見直してみましょう。インターネットにつなぐために必要な機器は、オーディオ用途だからといって特別な違いはありません。**家庭用ネットワークを構築する際に不可欠な、Wi-Fiルーター、スイッチングハブなど基本的な装置はそのままオーディオ用途にも使うことができます。**スイッチングハブなど一部のネットワーク機器はノイズ対策を強化したオーディオ専用の製品が発売されていて、それらを導入すると音質を改善できる場合がありますが、必須というわけではありません。オーディオ向けのネットワーク機器については次章で詳しく紹介します。

　インターネットの通信速度は速いに越したことはありませんが、4Kの動画配信を見られる高速インターネットなら音楽再生でも高い品質を確保できます。普及が進んだ光ファイバーやケーブルテレビなどの高速回線なら十分にカバーできる範囲です。ただし、ルーターやハブとオーディオ機器をLANケーブルでつなぐ有線接続ではなく、音楽信号の伝送にワイヤレス（Wi-Fi）接続を利用する場合

97

は、場所によって電波が届きにくかったり接続が不安定に
なったりすることがあるので、電波の中継機器やメッシュ
Wi-Fiと呼ばれる通信機器を導入するなど、何らかの対策
が必要になる場合があります。メッシュWi-FiとはWi-Fi
ルーターを1台だけでなく、複数台増設する方法です。

　有線LANを使うか、ワイヤレス（Wi-Fi）を利用するか
迷った場合は、まず有線LANでの接続を試すことをお薦
めします。近年はWi-Fiが主流ですが、ネットワークプレ
ーヤーで音楽をじっくり楽しむためには、できるだけ安定
したネットワーク環境を整えることが望ましいからです。

　一方、インターネットは利用しているが、有線接続だけ
でWi-Fiは使っていないというケースもあるでしょう。ネ
ットワーク再生自体は有線LANだけでも実現できるので
すが、使い勝手は大きく制限されてしまいます。**ネットオ
ーディオでは選曲などの操作にスマホやタブレットを使う
ので、それらのモバイル端末を家庭内ネットワークにつな
ぐためにWi-Fi接続が不可欠です。音楽データは有線LAN
で送受信し、機器を操作するための情報はWi-Fiで送受信
する**というのがいまのところ最適な方法だと覚えておいて
ください。

　第6章ではネットワークを構築するための機器を含む周
辺機器や接続ケーブルについて説明します。

第5章　ネットワークプレーヤーの選び方

─●コラム5　メーカー独自のリンク─

　ネットワークトランスポートとD／Aコンバーターの接続は、一般的にはそれぞれのOPT（光デジタル端子）やCOAX（同軸デジタル端子）同士を専用のケーブルでつなぎます。これらの端子の規格はすべて共通なので、メーカーが異なる機器間でも全く問題なく接続することができます。

　ただ、いくつかのメーカーは**メーカー独自のリンク**も採用しており、低ジッター（時間的揺れ）や高音質をうたっています。これらメーカーのオリジナルリンクは、基本的に異なるメーカーのネットワークトランスポートとD／Aコンバーターでは使用できません。メーカーが異なる場合

メーカー名	リンク名称	メーカーの主張するメリット
MSBテクノロジー	Pro ISL	超高速・超低ジッターデジタル伝送
エソテリック	ES-LINK	ピュアで理想的なデジタル伝送が可能
スフォルツァート	ZERO LINK	D/Aコンバーターから非同期回路を排除して高音質を目指す
ソウルノート	ZERO LINK	D/Aコンバーターから非同期回路を排除して高音質を目指す
プレイバックデザインズ	P-LINK	ジッターに対する外部からの影響が受けにくい状態を保つ
メリディアン	True Linkテクノロジー	クロック信号の劣化を最小限に抑える
リン	EXAKT LINK	スピーカーまでのデジタル伝送

表5-1　メーカー独自のリンク一覧

は一般的な方法で接続しなくてはならず、その場合はメーカーが独自リンクで主張しているメリットは受けられません。

　表5-1に代表的なメーカーの独自のリンクを紹介します。

第6章

機材選びの基礎知識

本章ではネットオーディオを快適に使うために、知っておきたい基礎知識を解説していきます。

■家庭内LAN

図6-1に家庭内LAN（Local Area Network）の接続例を示しました。この図ではインターネットに近い上流側からONU／モデム、Wi-Fiルーター、ハブという順に相互にLANケーブルでつないでいます。そして、ハブ以降も同じくLANケーブルでNAS（「ミュージックサーバー」と呼ばれるHDDやSSD）、ネットワークプレーヤーをハブにつないでいます。

図6-2には、ネットワークプレーヤーもワイヤレスでつなぐ例を紹介しています。ネットワークプレーヤーがWi-Fi接続に対応し、Wi-Fi接続で十分な速度と安定した

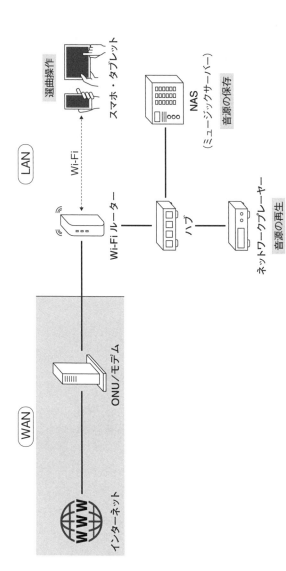

図6-1 LANの接続例（有線＋Wi-Fi）

第6章　機材選びの基礎知識

接続が実現できる場合は、こちらの接続方法でもネットオーディオを楽しむことができます。

　ハブを内蔵している（複数のLAN端子が付いている）一般的なWi-Fiルーターの場合はハブを省略することもできます。けれども独立したハブを経由することで、オーディオ機器へのノイズの混入を軽減できる場合があるので、なるべくハブを使うことをお薦めします。オーディオ用途を想定してノイズ対策を強化したハブも発売されていて、さらなる音質改善も期待できますが、それについては別項で紹介することにします。

　この図を見ると、既存のオーディオに比べてネットオーディオは機器構成が複雑で接続も面倒に見えます。新たに**ネットワークという経路が加わった**ので当然のこととはいえ、初めて取り組む人にはハードルが高く感じられるのも無理はありません。

　しかし、図の「ONU／モデム」から「ハブ」の部分までを「ネットワーク」として一つにまとめてしまえば、**同じネットワークにネットワークプレーヤー・NAS・スマホ（タブレット）がつながったシンプルな構成**に見えます。つまり、ネットワーク環境さえ適切に確保しておけば、接続や設定のハードルはかなり低くなると思います。

　図を見て全体像と個々の機器の役割がすべて理解できる人は、この章の説明は軽く目を通す程度で大丈夫だと思います。一つだけ注意すべき点として、一部の機材（特にWi-Fiルーター）に古い製品を使っている場合、ネットワークへの接続が不安定になることがあるので、できれば4

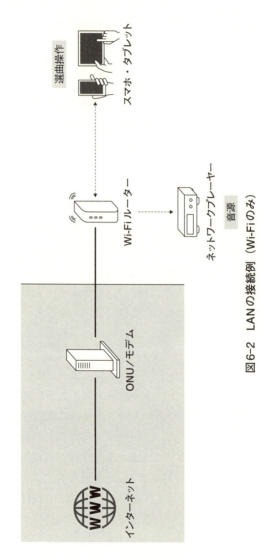

図6-2 LANの接続例（Wi-Fiのみ）

～5年程度の周期で新しい製品に交換することをお薦めします。オーディオ機器に比べると安価に購入できるので、同じ製品をかなり長期間使っているという人は一度見直すとよいでしょう。

　ここから個々の機器の役割と選び方を紹介していきます。

■ONU／モデム

　ONU（Optical Network Unit：光回線終端装置）という聞き慣れない名称の機器は、光ファイバーから送られてくる光信号をデジタル信号に変換する役割を担う装置のことです（図6-3）。光ファイバー契約を結んでいる家庭では、Wi-Fiルーターと壁に設置された光コンセントの間につながっています。一方のモデムはケーブルテレビ回線などで送られてきた電気信号をデジタル信号に変換する装置で、基本的な役割はONUと変わりません。

図6-3　ONU

ONU／モデムは契約時にブロードバンド回線会社が設置するので、トラブルなどが原因でこれらの機器を交換したり別の機種に変更したりする場合は、契約しているブロードバンド回線の会社に連絡して対応を依頼し、自分で交換することは基本的にありません。レンタル契約の場合が多いので、使わなくなったからといって勝手に取り外して廃棄しないように注意してください。また、電源は常時オンで使用するのが基本です。

■Wi-Fiルーター

　ルーターはインターネットにつながる個々の機器のルートを設定し、データを中継する役割を担います。また、IPアドレスというネットワーク上の住所を個々の機器に割り当てる役割も重要です。

　前章で説明したように、ネットワークプレーヤーは選曲などの基本操作にスマホやタブレットを使うので、**有線接続だけでなくワイヤレス（Wi-Fi）伝送にも対応したWi-Fiルーターを選ぶことが基本**です（図6-4）。ネットワークプレーヤーとスマホなどの操作端末、そしてNASなどのデータ保存装置は、同じWi-Fiルーターを介して同じネットワーク（LAN）につながっていることが大前提となります。

　インターネット回線に複数のルーターを接続して使っている場合など、ネットオーディオ機器が異なるルーターを介して別のネットワークにつながってしまうことがあり、その場合はNASの中身を確認しようとスマホを操作して

第6章　機材選びの基礎知識

図6-4　Wi-Fiルーター

もネットワークプレーヤーやNASが見えません。複数のネットワークとルーターを導入している家庭ではこのトラブルは意外に多いので、注意が必要です。次章で解説するWi-Fiの設定画面をスマホで確認し、SSID（Wi-Fi通信で利用するネットワークを識別する名前で、Wi-Fi接続しようとする時「接続可能なネットワーク一覧」に表示される）と呼ばれる項目が、有線接続でつないだネットワークプレーヤーやNASと同じWi-Fiルーターのものであることを確認しましょう。SSIDはWi-Fiルーターの本体にパスワードとともに表示されています（図6-5）。

Wi-Fi機器にはIEEE802.11acやIEEE802.11axなど複数の規格があり、世代が新しいほど最大通信速度が高速にな

図6-5 図の黒い帯の部分がSSID

ります。本章の冒頭で触れたように、高音質ストリーミングを安心して快適に楽しむためには、**できるだけ新しい規格に対応したWi-Fiルーター**を使ってください。

　家庭用のブロードバンド接続（固定回線）は使わず、モバイル回線（無線回線）でインターネット接続を利用しているという方もいるかもしれません。モバイル回線用のルーターも発売されていますが、高音質ストリーミングを中心にネットオーディオを楽しむ用途には積極的には薦めません。モバイルルーターの有線LAN端子を利用してネットワークプレーヤーとNASをつなぎ、サーバー内のファイル再生を楽しむ用途には利用できますが、ストリーミングはデータ量が大きく安定したネットワーク接続が必須なので、こちらも積極的には薦めません。

　Wi-Fiルーターには複数のLAN端子がついていますが、よく見るとWAN（またはINTERNET）と書かれた端子とLANと表示された端子があることに気づきます。

ここでWAN（Wide Area Network：広域通信網）はインターネット側、つまりONUまたはモデムと接続し、LANにはハブを介してLAN側の機器（ネットワークプレーヤーやNAS）を接続します。

■ハブ（スイッチングハブ）

　複数のLANポートを搭載するハブは、有線LANポートの端子数を増やしたい時に便利な機器です。ハブはネットワークの信号を複数の機器に中継することが主な役割で、スイッチングハブと呼ぶこともあります。特定の機器を指定してネットワーク機器間の信号伝送を行うことができるため、サーバーの音楽データをネットワークプレーヤーに送信するなど、ネットオーディオでも重要な役割を演じます。

　ネットワークプレーヤーとミュージックサーバーなど複数のネットワーク機器を同じネットワークにつなぐ場合、有線LANポート数に余裕のあるスイッチングハブを1台導入しておくことを薦めます。

　その理由の一つは、テレビやゲーム機など、家庭内LANにつながる機器が急速に増えたことで相互にノイズが伝わりやすくなり、音質を劣化させる要因になりうるという点です。ネットオーディオ機器を単独のスイッチングハブに接続し、他の機器との間で不要なノイズが伝搬することを防ぐわけです。**オーディオ用途に特化したスイッチングハブも発売されている**ほどで、ネットオーディオの音質を極めたいオーディオファンの間で人気を得ています。

■オーディオ専用設計のハブについて

　ネットオーディオ草創期には、NASやハブはパソコン用の周辺機器を使うのが一般的でした。その後ネットワーク再生の音質改善を追求するなかで、これらの機器が及ぼす音への影響を無視できないことが明らかになり、ノイズ対策や電源回路の強化などの、**改善策を導入したオーディオ専用設計のNAS**やハブが開発されるようになりました。オーディオ用NASについては次に詳しく紹介することにして、ここではオーディオ専用設計のハブに焦点を合わせて、実際の効果を探ってみることにします。

　ハブが家庭内ネットワークで信号を中継する重要な役割を担っていることはすでに紹介した通りですが、もう一つの大切な役割として、ネットワークにつながった機器間のノイズの伝搬を遮断する働きも期待できます。厳重なシールドなど**ハブ内部のノイズ対策**に加え、グランド（電気回路の電圧の基準点）の絶縁機能や電気信号を光信号に変換してノイズを遮断する**アイソレーター（分離器）としての機能**を持たせた製品もあります。

　家庭内には複数のWi-Fi対応機器が存在し、パソコンやスマホなどをノイズ源とする輻射ノイズも飛び交っています。これらのノイズがLANケーブルなどを介してネットワークプレーヤーやNASに影響を及ぼし、音質が劣化することがあります。それを未然に防ぐのが、**オーディオ専用ハブやアイソレーター**の役割です。

　アイソレーターの代表的なモデルとして、光絶縁を実現

110

第6章　機材選びの基礎知識

するエディスクリエーション（香港）のFiber Box2 JPEM（図6-6）、メルコ（日本）のオーディオブランドであるDELAのオーディオ専用ハブS100/2などがあります（図6-7）。いずれもパソコン用の周辺機器に比べると高価な製品ですが、ネットオーディオ再生の音質改善効果は非常に大きく、納得させられます。いま聴いている音にいまひとつ納得がいかない場合は、導入する価値があると思います（図6-8）。

スイッチングハブにつなぐ代表的なネットオーディオ機器はネットワークプレーヤーですが、もう一つの主役としてNAS（ミュージックサーバー）を忘れるわけにはいき

図6-6　エディスクリエーションFIBER BOX2 JPEM

図6-7　DELA S100/2

図6-8 ネットワークプレーヤーのLAN SFP端子
ネットワーク由来のノイズをシャットアウトするために、LANケーブルの代わりに光ファイバーケーブルを接続するための端子

ません。手持ちの音楽データを保存し、ネットワークプレーヤーで再生するための装置なので、定額制音楽配信（ストリーミング）だけを楽しむのであれば、不可欠というわけではありません。とはいえネットワークにNASが1台つながっていれば、CDをリッピング（CDの音楽データをパソコンなどを利用して取り込むこと）した音楽データやダウンロード購入したハイレゾ音源など、再生できる音源の選択肢が増えるので、導入するメリットはあります。

■LANケーブル

LANはデータの正確性を保つために通信方式を工夫していますが、データは正確でも導体やシールドがノイズを媒介して他の機器に悪影響を与えることがあるので、一定

第6章 機材選びの基礎知識

のノイズ対策を施したケーブルを使うとよいでしょう。リンのDSMなど一部のネットワークプレーヤーは、**グランドループ**と呼ばれる現象で発生するノイズの伝搬を抑えるために、あえて金属製コネクターを使用せず、樹脂製のコネクターを使っているLANケーブル(図6-9)や、コネクターをシールドで遮断しているLANケーブル(図6-10)を薦めています。

グランドループとは、オーディオ機器をループ状に配線することで、ハムなどのノイズが発生してしまうことです。使用環境によっては、これらのLANケーブルを選ぶ

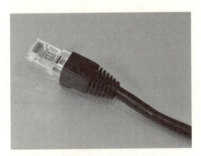

図6-9 樹脂製のLANコネクター

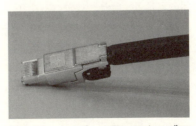

図6-10 オーディオ用LANケーブル

という選択肢もあります。また、前項で紹介したエディスクリエーションのオーディオ用ハブSilent Switch OCXOはグランド絶縁機能を内蔵しているので、グランドループを原因とするノイズを抑える効果が期待できます。

■ミュージックサーバー：NASの役割と選び方

　CDをリッピングした音源やダウンロードで入手した音楽ファイルは、NASと呼ばれるネットワーク接続方式の記憶装置（ストレージ）に保存しておくことが必要です。

　保存だけが目的なら同じストレージであるハードディスクドライブ（HDD、SSD）を直接USB接続して音源を保存する方が手軽ですが、NASと異なりネットワーク経由での再生には原則として利用できません。

　NASはストレージに用いるデバイスによってHDD（磁気ディスク）方式とSSD（半導体ドライブ）方式があり、容量も1～8 TBなどかなり幅があります。一般的にHDDよりもSSDの方が高価で、容量が増えるほど値段は上がります。ですから実際に使う予定もないのに、巨大な容量のNASを購入する必要はありません。手持ちの音楽データの大体の容量と、今後使い続けるなかでどの程度の容量があれば間に合うのか、目安を設けて機種選びを進めるとよいでしょう。CDをFLAC形式でリッピングした場合は1枚あたり約400 MB（メガバイト）、96 kHz/24 bit以上のハイレゾ音源やサンプリング周波数が高いDSD音源はその4～10倍程度のデータ量があるので、手持ちの音源はほとんどハイレゾという場合は、容量不足に陥らな

第6章 機材選びの基礎知識

いよう注意しましょう。

NASと一口に言っても、ストレージの方式や容量以外に、いろいろな機能の違いがあります。**オーディオ用途に購入する場合はファン非内蔵の静音動作が不可欠**なので、事前によく確認しておきましょう。手軽な製品としてUSBでつなぐTV録画用のNASもありますが、できれば**オーディオ専用設計のオーディオ用NAS**と呼ばれる製品を選んでください。

■ハイエンド仕様のオーディオ用NAS

15年ほど前まではNASはパソコンの周辺機器という位置付けでしたが、2010年代半ばには特別な音質対策を導入したオーディオ専用NASが日本のDELA（メルコ）とfidata（アイ・オー・データ機器）の2社から登場し、その後の10年間でオーディオファンの間で市民権を獲得しました。

これらのオーディオ専用NASは、メーカー自ら「ミュージックライブラリー」とか「オーディオサーバー」などと呼んで、既存のNASとの違いをアピールしています。特に最上位機種はオーディオ機器としての音質対策や先進的な機能を盛り込むことで、新たな価値の獲得を目指しています。

115

第7章 ネットオーディオの設定

 ネットオーディオの設定方法がよくわからず、専門店のスタッフやオーディオに詳しい知人に助けてもらったという声を聞くことがあります。アドバイスをしてくれる人が身近にいればいいですが、自分で解決しなければならないという人も多いでしょう。そこで、本章では主にネットワークプレーヤーの設定に関連した基本的な操作やトラブルに焦点を合わせ、具体的な解決方法を探っていきます。

■ネットワーク設定

 ネットワークプレーヤー、NAS、スマホ(タブレット)はすべて同じネットワークにつなぐ必要があることはこれまで何度か説明してきました。**スマホの操作画面からネットワークプレーヤーやNASの中身が見えない**など、トラブルの原因としていちばん多いのが、いつの間にか他

第7章 ネットオーディオの設定

のネットワークにつながっていたというものです。

「いまどのネットワークにつながっているのか」は、操作アプリの設定画面やネットワークプレーヤーの設定画面で**ネットワーク名の欄**を見れば確認できます。スマホやタブレット自体がどのネットワークにつながっているのかについては、iOSやAndroidOSの**設定画面を開いてWi-Fiの欄**で確認してください。いうまでもなくネットワーク名がすべて一致し、共通のLANにつながっていることが基本です。正しいネットワークを認識していないことに気付いたら、その原因を調べた上で、正しいネットワークにつなぎ直す必要があります。

ネットワーク

ネットワークは自動的に下記の順に接続されます。
優先ネットワーク、最終接続ネットワーク、最初に
見つかったネットワーク。

現在のネットワーク   ＞
en0 (192.168.11.0)

優先ネットワーク   ＞
未指定

◆図7-1 操作アプリの設定画面の一例（「LINN アプリ」）

「LINN アプリ」の場合、【アプリ設定】の【現在のネットワーク】の欄でIPアドレスを確認することができます。さらに【優先ネットワーク】で普段使うネットワークを指定しておくと、自動的にそのネットワークにつながるように設定できるため、誤って他のネットワークにつなが

117

ってしまうのを未然に防ぐことができます。

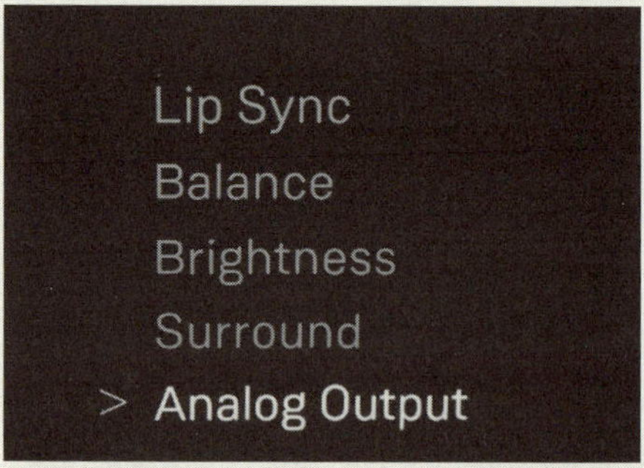

```
Lip Sync
Balance
Brightness
Surround
> Analog Output
```

◆図7-2　ネットワークプレーヤー本体の設定画面の一例
（リン KLIMAX DSM）
ネットワークプレーヤー本体の設定機能を使って、有線ネットワークの動作チェックやWi-Fi・Bluetoothの設定を変更できる機種もあります。設定画面には、その他に入力名の変更や本体ディスプレイの明るさ調整など、**各種の設定項目**があるので、設置後に一度は確認してみてください。

　特に**Wi-Fi接続の場合、普段使っているネットワークにつながらない、または存在するはずのネットワークが表示されない**ことがあります。ネットワークを認識しないという症状には複数のパターンがあります。

　Wi-Fiがつながっているのに通信が不安定だったり、プレーヤーからネットワークが見えなかったりする場合は、**Wi-Fiルーターの電源をいったん切って再起動してみまし**

第7章　ネットオーディオの設定

ょう。それだけで解決することが意外に多いので、試して
みてください。

　有線LANでつないでいる場合は、原則としてルーター
が機器ごとにIPアドレスを割り当てるので、特にユーザ
ーが設定する必要はありません。接続方法が間違っていな
いのにネットワークを認識しない場合、ルーターやそれよ
りも上流側の機器（ONUなど）、または**契約しているイン
ターネット回線自体に障害が起きている**ことが考えられま
す。その場合は、ブロードバンドサービスを提供している
会社などに確認する必要があります。これは特に珍しいこ
とではなく、契約している回線によっては、かなりの頻度
で障害が発生することがあるので、サービス会社のホーム
ページなどで障害の有無を確認してみましょう。

　ネットワークに正しくつながっているかどうかを確認す
るために、**ネットワークプレーヤーの本体や操作アプリで
IPアドレスを確かめてみましょう**。IPアドレスはネット
ワークプレーヤーの設定アプリや本体のディスプレイなど
で確認することができます。IPアドレスを正常に取得で
きていれば、ネットワークに正常につながっているとみな
すことができます。

　一方、Wi-Fiの場合は接続する機器ごとにSSIDとパス
ワードを入力することで、機器がネットワーク上で使える
ようになります。スマホやタブレットをWi-Fiに接続する
操作に慣れている人なら、迷うことはないでしょう。ま
た、この設定はネットワークプレーヤーなどを最初に家庭

119

内LANにつなぐ時だけ設定すればよく、Wi-Fiルーターを別の製品に替えた場合を除いて、何度も設定し直す必要はありません。ただし、家庭内に複数のワイヤレスネットワークが存在する場合は注意が必要です。SSIDをもう一度確認して、同一のWi-Fiルーターにつながっているかどうか、確認しましょう。

◆図7-3　スマホのネットワーク設定画面（iOS）

スマホやタブレットの設定を開くとWi-Fiの接続先を確認し、必要な場合は変更することもできます。iOSの場合、接続しているネットワーク名を選ぶとIPアドレス（黒く塗りつぶした部分）などネットワークの詳細な情報が表示されるので、ネットワークプレーヤーやNASを接続したネットワークと同一かどうか、確かめることが可能です。

第7章 ネットオーディオの設定

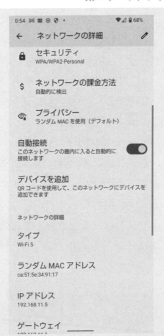

◆図7-4 設定画面でIPアドレスを確認する（Android）
Androidの設定画面で【ネットワーク】を選ぶと、iOSと同様に接続しているネットワークの詳細を確認することができます。【設定】を開いて【ネットワークとインターネット】を選び、【Wi-Fi】をタップすることで詳細が表示されます。【ネットワーク名】をタップすることでIPアドレスも確認できます。

Wi-Fi接続で再生している時に音声が途切れたりノイズが発生したりする場合は、ネットワークは認識していても

121

電波の強度が弱く、十分な通信速度が得られていない可能性があります。そんな時は通信速度を測定するサイトを検索し、ネットワークの通信速度を測定してみましょう。**100 Mbps前後の速度が出ていれば問題ありません**が、この数字が1桁や2桁だと、特にハイレゾ音源のストリーミング再生に支障が出ることがあります。

電波の強度が低下する要因は、Wi-Fiルーターから距離が離れ過ぎているか、機器間に障害物があり、電波が遮られていることが考えられます。Wi-Fiルーターが離れた部屋にある場合は、中継機器などを利用して電波強度を確保すれば、通信速度をある程度は改善することができます。複数のアクセスポイントを利用する「メッシュWi-Fi」というシステムを導入することも一つの方法です。

◆図7-5 通信速度の測定画面

通信速度は時間帯によって変化することがあるので、実際

第7章　ネットオーディオの設定

にネットワークプレーヤーを使う時間帯で速度を測ってみ
ましょう。まずはテレビでの動画再生やネットワークプレ
ーヤーでの音楽再生などを停止した状態で測定し、その後
に再生状態でもう一度確認することによって、利用状況に
応じた通信速度の変化を確認することもできます。通信速
度の測定時には大容量のデータをダウンロード、アップロ
ードして速度を調べるため、測定時に映像や音楽が途切れ
ることがありますが、それ自体は特に異常ではありませ
ん。

■ネットワークプレーヤーの設定

　ネットワークプレーヤーには非常に多くの設定項目があ
ります。CDプレーヤーで設定変更をすることは滅多にあ
りませんが、ネットワークプレーヤーは正しく設定しない
と音が出ないということもあり得ます。その意味で確かに
少しハードルが高いのですが、**それぞれの項目の役割を理
解した上で適切に設定すれば問題ありません**。しかも、基
本的には詳細な設定は初回のみなので、いったん設定を終
えた後は、CDプレーヤー同様、設定を変更する必要はあ
りません。

　操作方法はメーカーによって異なり、機種によっては本
体で設定することもできますが、多くの場合はアプリの設
定メニューを呼び出して操作します。

　インターネットに接続済みのLINNのプレーヤーの場合
は、取得した「LINN Account」でログインすると、詳細
な設定をオンラインで行うことができます。

ざっと見渡しただけでも、次のような項目が設定メニューのなかに並んでいますが、これ以外にもさまざまな設定項目があり、その数の多さに最初は気が遠くなるかもしれません。また、NASのことを「ローカルサーバー」と呼んだり、ストリーミングの設定を行う項目名が「ミュージック」や「ソース」だったりと、**呼び方もメーカーや機種によって異なる**ので、どの項目が下記に該当するのか、自分の機器に読み替えながら設定を進めるようにしてください。実際の設定画面の例を見ながら、順番に説明していきます。

　　①ネットワーク設定
　　②Bluetooth、Wi-Fiなどワイヤレス設定
　　③NASの検出・設定
　　④ストリーミングサービスのログイン・音質設定
　　⑤ディスプレイの設定
　　⑥アップデートの設定
　　⑦ボリューム回路のオン／オフなど、その他音質設定

　このなかで特に重要なのは前半の①〜④の項目です。
　「①ネットワーク設定」はすでに前項で説明したので、そちらを確認してください。

■②Bluetooth、Wi-Fiなどワイヤレス設定
　スマホやタブレットに保存した音源を手軽にワイヤレス再生したい場合は、ネットワークプレーヤーの【ワイヤレス設定】で【Wi-Fi】と【Bluetooth】をオンにして、スマ

第7章　ネットオーディオの設定

ホやタブレットと直接接続できる状態にしておく必要があります。Bluetoothでの再生は音質が劣化するので、音楽再生用途では積極的にはお薦めしませんが、なかには設定メニューを操作するためにBluetoothをオンにしなければならない製品もあるので、その場合はBluetoothを忘れずに有効化してください。

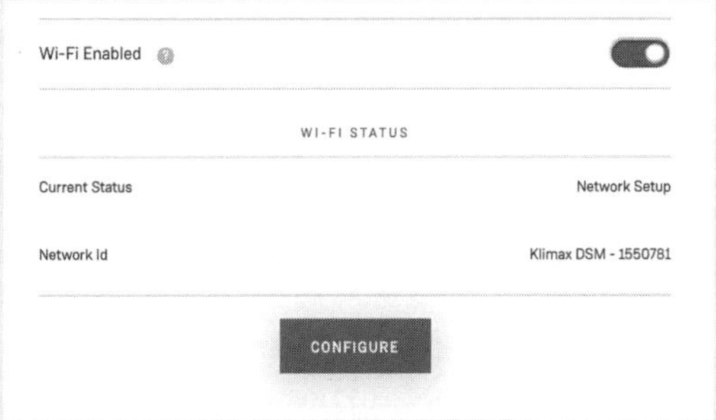

図7-6-1　Wi-Fiの設定画面

図7-6-2　Bluetoothの設定画面

◆図7-6-1, -2　ネットワークプレーヤーのWi-FiとBluetooth
の設定画面（LINN Accountのオンライン設定画面）
ネットワークプレーヤーがワイヤレス接続に対応している
場合は、このような画面が設定画面に表示されます。
Wi-Fi（図7-6-1）とBluetooth（図7-6-2）を個別に設定で
きるので、通常のネットワーク再生は有線LANで行い、
時々Bluetoothからの音源を聴きたい場合は、Bluetooth
だけをオンにすることをお薦めします。**Bluetoothは音声
信号を圧縮して伝送するため、音質が劣化する**ことを意識
しておきましょう。

■③NASの検出・設定

　NASの検出と設定は最初の一度だけ行えばよいのです
が、これを設定しておかないと手持ちの音楽データを再生
しようとしても入力選択画面にNASが表示されない可能
性があるので、**手持ちのNASが正しく表示されているか**
どうか、まずNASの一覧を確認してください。また、ネ
ットワークプレーヤーによっては、ネットワークにつなが
っているNASを自動的に検出して一覧表示する機能がな
い製品もあります。その場合はNASに割り当てられたIP
アドレスを手動で入力しなければならないことがあるの
で、パソコンで**NASの設定メニューを呼び出して**IPアド
レスを確認するなどの作業が必要になります。

第7章　ネットオーディオの設定

◆図7-7　NASの選択画面（iOSの「LINNアプリ」）

「LINNアプリ」は【ローカルサーバー】のメニュー内に、これまで接続したことのあるNASの一覧が表示されます。ここには以前つないでいたが今は接続していないNASや、他のネットワークを介してつないだことがあるNASも表示されます。自宅と仕事場など、異なるネットワーク環境で複数のNASを併用している場合にも環境ごとに適切なNASを選べるため、とても便利です。

■④ストリーミングサービスのログイン・音質設定

どのサービスを利用するのか、音質設定はどうするのかなど、ストリーミングサービスの設定もネットワークプレーヤーで行います。この設定画面でログイン操作もできる

場合は、対象となるサービスを「オン」にして、あらかじめ登録しておいたストリーミングサービスのアカウント名とパスワードでログインします。

　上限の音質をサンプリング周波数で設定する機能はストリーミングサービスごとに内容が異なりますが、ネットワークの通信速度に制約がある場合を除き、最高音質（192kHz/24 bitなど）に設定しておきましょう。この設定で音が途切れるなどの障害が起こる場合は、通信速度かネットワークプレーヤーの処理能力のどちらかに問題がある可能性があります。

　また、『Qobuz』や『アップル ミュージック』は正常に再生できるのに、『TIDAL』では音が途切れがちといった現象が現れることもあります。その場合は、サービスごとに音質設定を個別に切り替えることでとりあえずは回避できますが、メーカーや専門店に相談するなど、原因を突き止める対策を行うべきでしょう。ネットワークの通信速度に問題がない場合、現代のネットワーク環境でハイレゾ配信が途切れてしまうケースはかなり稀だと考えてください。

第7章 ネットオーディオの設定

◆図7-8 ストリーミングサービスの選択とログイン画面の例(「LINN アプリ」、「mconnect Control」)

「LINN アプリ」でストリーミングサービスを最初に利用する時は、写真のようなログイン画面が表示されます(写真はストリーミングサービスの一つである『Deezer』(フランス)の例)。写真で使用している「**mconnect Control (エムコネクトコントロール)**」は、ネットオーディオ機器のための専用コントロールアプリです。

スマホやパソコンであらかじめ取得したアカウントがある場合は、ここにユーザー名とパスワードを入力し、ログインします。「LINN アプリ」の場合、一度ログインしてお

けば、他の配信サービスに切り替えてから再度つなぐ時に
も、あらためてログインの操作をする必要はありません。
プレイバックデザインズの製品などが採用している
「mconnect Control」もサービスごとにオン／オフを切り
替える設定画面を用意しています。

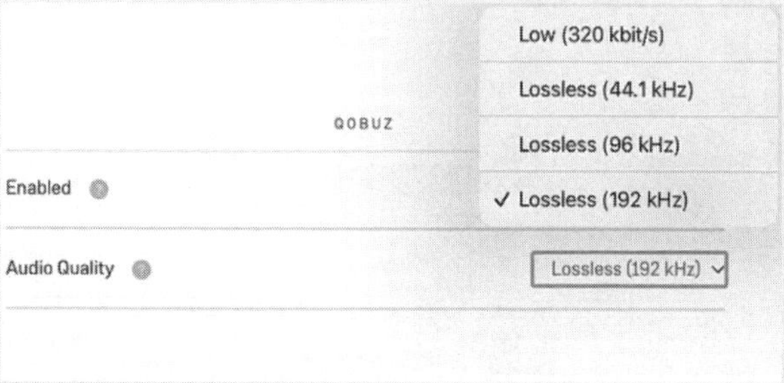

		Low (320 kbit/s)
	QOBUZ	Lossless (44.1 kHz)
		Lossless (96 kHz)
Enabled ⓘ		✓ Lossless (192 kHz)
Audio Quality ⓘ		Lossless (192 kHz) ⌄

◆図7-9 音質の設定画面（LINN Account）

リンのネットワークプレーヤーは【オンライン設定
（LINN Account）】のなかに配信サービスごとのオン／オ
フと音質設定の切り替え機能が用意されています。複数の
リン製品を持っている場合でも製品ごとに各サービスの音
質を設定できるため、使用機器や接続環境に合わせた個別
の設定で利用することも可能です。写真は『Qobuz』の例
ですが、ここでは192 kHz／96 kHz／44.1 kHzの3種類
のロスレス音声のほか、圧縮音声（320 kbps）も選ぶこと
ができます。

第7章　ネットオーディオの設定

| マイアカウント | 表示 | ストリーミング | 音楽ダウンロード |

音質

| ハイレゾ 24-Bit / 最大192 kHz | ハイレゾ 24-Bit / 最大96 kHz | CD 16-Bit / 44.1 kHz |

| MP3 320 kbps |

オートプレイ

再生リストが終了した後も音楽の再生を続行します

再生設定

◆図7-10　音質の設定画面（「Qobuzアプリ」）

パソコン用の「Qobuzアプリ」からも音質設定を変更できます。【設定】の【ストリーミング】に4種類の設定が用意されています。この画面ではその他に【キュー（登録した曲のリスト）】終了後も『Qobuz』が薦める楽曲を再生し続ける機能のオン／オフや再生機器の選択など、基本的な設定を変更することができます。なお、ここで紹介した機能はアメリカ版『Qobuz』のものなので、日本版では内容が異なる場合があります。

◆図7-11 音質の設定画面(『アップル ミュージック』「iOSアプリ」)

『アップル ミュージック』の音質は、使用しているスマホやタブレットの【設定】から設定します。iOS機器の場合は、設定画面に現れる【ミュージック】を選び、【オーディオの品質】の項目で設定します。【ロスレスオーディオ】をオンにしたうえで、その下の【5GとWi-Fiストリーミング】と【ダウンロード】の両方を【ハイレゾロスレス】に設定してください。この設定はスマホやタブレットでの再生時だけでなく、iOS機器からUSBでデジタル出力を取り出す場合にも適用されます。

第7章　ネットオーディオの設定

■⑤ディスプレイの設定

　ディスプレイ、アップデート、入力、音質などの設定項目はメーカーごとに内容が異なり、利用できる機能や設定内容は製品によって違いがあります。なかには本体ディスプレイに表示する内容を好みの配置に変えるなど、きめ細かい変更ができる製品もあり、プレーヤーの外観の印象を大胆に変えることもできます。ネットオーディオ製品ならではの楽しみの一つと言えるでしょう。

　CDプレーヤーは再生トラックの経過時間などの基本的な情報しか表示することができませんが、**ネットワークプレーヤーはアルバム名やアーティスト名など詳細な楽曲情報に加えて、音楽データの形式やサンプリング周波数などの情報を本体やアプリの画面に表示できる**製品がほとんどです。さらに４インチや５インチまたはそれ以上の大型液晶ディスプレイを採用し、アルバムのジャケット画像をカラーで表示できる製品も存在します。それらの**楽曲情報は基本的にスマホやタブレットの再生アプリでも確認できる**ので本体の表示機能が必須というわけではありませんが、本体の表示は特別な操作が不要で再生中にリアルタイムで確認できる長所があり、便利に感じることが多いはずです。

◆図7-12 本体ディスプレイの一例(エヴァーソロ DMP-A8)

エヴァーソロ(中国)のDMP-A8は、スマホとほぼ同じサイズ(6インチ)の液晶ディスプレイにアーティスト名や曲名などの楽曲情報、音声ファイル形式、ジャケット画像(カバーアート)など豊富な情報を表示することができます。アプリの設定画面から表示内容を変更することによって、外観の印象が変わるほか、煩わしいと感じる場合はオフにしたり、時計表示に切り替えたりすることもできます。

■⑥アップデートの設定

ネットワークプレーヤーは**本体のソフトウェアを更新する**(バージョンアップ)ことによって、機能の追加やバグの修正のほか、ときには音質改善につながるアップグレードが実現することもあります。常時ネットワークにつながっているため、最新のソフトウェアが完成すると、本体や

第7章　ネットオーディオの設定

アプリに更新を促すメッセージが表示されます。

　基本的には早めに更新した方がよいのですが、製品の世代や使用環境によっては、最新ソフトウェアへの更新後に以前使っていた操作アプリの動作に制約が生じるなどの例も報告されているので、その可能性が懸念される場合は少し時間をおいて更新するのも「あり」だと思います。

■⑦音量調整（ボリューム）機能の設定

　音質設定のなかに含まれることが多いボリューム回路のオン／オフ機能は、ネットワークプレーヤーが音量調整回路、つまりプリアンプ機能を内蔵する製品には必ず付いています。ボリューム回路をオンにすると、ネットワークプレーヤーのアナログ出力がレベル固定ではなく音量可変出力に変更されます。可変出力になると、外部のプリアンプを使わずパワーアンプ直結で鳴らしたい場合や、アンプ内蔵スピーカーと組み合わせて使いたい場合に便利な機能です。ただし、パワーアンプにダイレクトにつないでいることを忘れてボリューム回路をオフにすると、最大出力で音が出てしまうため、十分に注意する必要があります。場合によってはアンプやスピーカーが破損する恐れもあるからです。

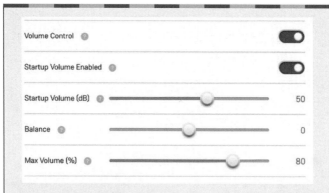

◆図7-13 アナログ出力(ボリューム機能)の切り替え画面 (LINN Account)

リンのオンライン設定画面には独立した【Volume Control】の設定項目があり、オン/オフを切り替えることができますが、リン製品の場合は変更を適用するにはプレーヤーの再起動が必要です。特にパワーアンプ直結で使用する場合は、**ボリューム調整機能が確実に【オン】になっていることを事前に確認してください。**

第7章　ネットオーディオの設定

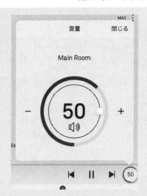

◆**図7-14　操作アプリの音量調整機能（「LINNアプリ」）**
音量調整はネットワークプレーヤー側の機能なので、プレーヤーの操作アプリでボリュームを調整します。LINN Accountの【Volume Control】をオンに切り替えて再起動すると、「LINNアプリ」の画面に写真のような音量調整アイコンが表示され、スマホやタブレットの画面を操作（＋／－のタッチ、またはサークル部分を回転）することで音量の調整ができるようになります。ボリューム「オン」でプリアンプにつなぐと音量が小さくなるだけですが、**ボリューム「オフ」でパワーアンプに直接つないでしまうと、過大な電流でスピーカーが破損する恐れがある**ので十分注意してください。

■高度な設定とメーカー独自機能の使いこなし

　ここまでは多くのネットワークプレーヤーに共通する設定項目ですが、一部の製品にはさらに詳細な設定が用意されている場合があります。

◆リン

　その代表的な例がリンのDSMで、ネットワークを利用した遠隔操作でさまざまな機能を利用することができます。

　例えば自宅のリスニングルームの3次元の寸法や壁面、天井の素材などをテンプレートに従って入力すると、その部屋に固有の定在波を演算処理で予測し、ネットワークプレーヤー側で定在波の影響を打ち消す処理を行います。使用するスピーカーのメーカー名と型名を入力し、実際のセッティング状態でのドライバーユニットと床の距離なども　パラメーターとして利用するため、かなりの高精度で低音の悪影響を排除することができます。「**スペース・オプティマイゼーション**」と呼ばれるこの機能はリン独自の音場補正技術の一つで、LinnのHPにある「Linn Account」というサイトにパソコンでログインすることで、リン製品のユーザーであれば誰でも利用できます。

　専用アカウントを通じてユーザーが所有するネットワークプレーヤー（DSM）はメーカー側でハードウェアの状態を把握できる状態になっているため、ソフトウェアのアップデートにいち早く対応できるほか、万一トラブルが発生した場合でもオンラインで診断を受けることができます。ネットワークの長所を最大限に活用した機能であり、今後のオーディオが取り組むべき課題を先取りしていると言っていいでしょう。ちなみにスペース・オプティマイゼーションに必要な演算処理はリン社内のコンピューターで

第7章　ネットオーディオの設定

行われるため、ユーザーのパソコンに負荷がかかることはありません。演算に必要な時間も短く、しばらく待つと測定結果を適用する画面が出てきます。

　スペース・オプティマイゼーションの実際の効果は、低域の混濁や過剰な量感を抑えられる形で現れます。多くの部屋は低音域に固有のピーク（レベルが高い周波数帯域）またはディップ（レベルが低い周波数帯域）が存在しますが、リンのオプティマイゼーションは前者を適切に抑える方向での調整のみを適用するため、周波数バランス自体は大きく変わらず、低域の透明感が向上する効果が期待できます。オン／オフの効果は切り替え操作ですぐに確認できるので、リンのネットワークプレーヤー（全機種）を所有しているなら、アカウントを作って実際に試してみてください。

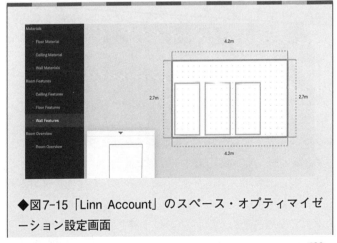

◆図7-15「Linn Account」のスペース・オプティマイゼーション設定画面

リンのネットワークプレーヤーの【Device Setup】には、接続するスピーカーを選ぶ機能があります。現行製品だけでなく少し前に発売されたスピーカーもリストに含まれているため、著名ブランドの製品であれば、かなりの確率で手持ちのスピーカーを登録できるはずです。スピーカーの登録後、「部屋の縦×横×高さの寸法」「壁面や天井の素材と構造」「窓の有無」などのパラメーターを入力します。寸法さえわかれば、左右非対称など複雑な形の部屋でも登録できます。

入力したデータを元に、リンのコンピューターがリスニングルーム固有の定在波を算出し、ピークが発生する音域のレベルを抑えるフィルター処理の詳細をプレーヤー側に送信し、適用します。同機能を適用すると、部屋の内装や吸音材だけでは解決しにくいような定在波の影響を抑えることができるため、環境によっては大幅な音質改善が期待できます。オンラインでプレーヤーごとに個別の設定を適用できる、**ネットオーディオならではの機能**と言えるでしょう。

◆ルーミン

　香港とロサンゼルスに拠点を置くルーミンもネットワークプレーヤーの高いシェアを誇るメーカーの一つで、特に再生アプリの完成度の高さと豊富な機能には定評があります。例えば専用アプリの設定メニューのなかには音質関連の機能として、各データ形式のデジタル音源のサンプリング周波数を変更したり、DSDに変換したりできる**サンプ**

第7章　ネットオーディオの設定

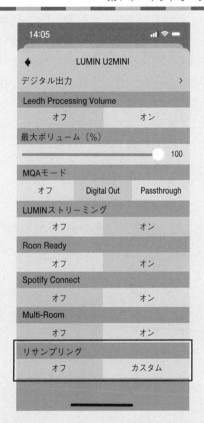

◆図7-16「LUMIN アプリ」の設定画面（サンプリング周波数変換機能）

「LUMIN アプリ」は複数のストリーミングサービスを横断してプレイリストを作成するなど、使い勝手の良い操作環境を提供することで高く評価されています。設定機能も

141

充実しており、入力信号のファイル形式ごとにサンプリング周波数を変換する機能など、**他社の製品では利用できない詳細な機能**を用意しています。ストリーミングはFLAC固定でサンプリング周波数の種類も数種類しか存在しませんが、DSDなどダウンロードで購入した多様な形式のデータをNASに保存している場合は、手持ちのD／Aコンバーターの仕様に合わせて、特定のファイル形式の音源を好みの形式に変換することができます。

リングレート変換機能があります。この機能を使って、例えば手持ちのD／Aコンバーターの最大サンプリング周波数に応じて上位の音源を下位変換してみる、あえて好みのサンプリング周波数や音声ファイル形式を選ぶなど、マニアックな使い方もできます。

第 **8** 章

高音質ストリーミングの
セッティング

　ネットオーディオの各種設定が完了したら、いよいよ実際に高音質ストリーミングを聴いてみることにしましょう。ネットワークプレーヤー側の設定とは別に、ストリーミングサービスごとに音質関連の設定があり、選曲などの基本操作もサービスごとに異なります。実例を上げながら紹介します。

■『アマゾン ミュージック』
　ネットワークプレーヤーの設定のなかの【音楽サービス】の項目から、各ストリーミングサービスへのログインができることを説明しました。リストに『アマゾン ミュージック』が含まれている場合は、まずはそれを試してみましょう。手持ちのアマゾンのアカウントがある場合は、それを入力してログインします。新規にアカウントを作成

する場合も、**30日間の無料体験期間があるので**、まずは
お試しという気持ちで登録してください。

　ストリーミングサービス一覧のなかに『アマゾン　ミュ
ージック』が含まれていない場合、そのネットワークプレ
ーヤーがまだ同サービスに対応していない可能性がありま
す。一部の製品はプレーヤー本体のソフトウェアを更新す
ることによって利用できるようになることがあるので、ソ
フトウェアは常に最新の状態を保つようにしてください。
『アマゾン　ミュージック』への対応を予定しているメーカ
ーの場合も、実際に対応するまでしばらく時間がかかるこ
ともあります。

　ここからはiOSの「アマゾン　ミュージック　アプリ」を
使って、画面の内容を確認します。

第8章 高音質ストリーミングのセッティング

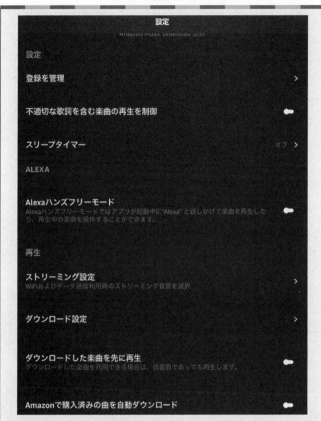

◆図8-1 『アマゾン ミュージック』の設定画面1（iOS設定メニュー）

トップ画面右上の**歯車の形のアイコン**をクリックすると、設定メニューが表示されます。ネットに接続してリアルタイムでストリーミング再生を行う【**ストリーミング設定**】と、あらかじめダウンロードした音源をオフライン（イン

ターネットにつながっていない状態）で再生する【ダウンロード再生】のそれぞれについて、音質などを設定する項目があるので、使い始める前に設定しておきましょう。

　この画面を下にスクロールすると、【ドルビーアトモス／360 Reality Audio】という項目が現れます。サラウンド再生の環境がある場合にこの項目をオンにすると、どちらかの方式でエンコードされた音源で立体音響再生ができるようになります。ネットワークプレーヤーやDACをつないでステレオで再生する場合は、【オフ】にしておきます。

第8章 高音質ストリーミングのセッティング

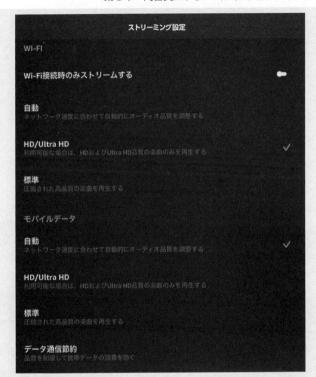

◆図8-2 『アマゾン ミュージック』の設定画面2（iOS ストリーミング設定）

設定画面から【ストリーミング設定】を選ぶと、Wi-Fiとモバイルデータそれぞれについて音質の設定を行う項目が現れます。ホームオーディオでの再生が中心であれば【Wi-Fi接続時のみストリームする】をオンにし、【HD/Ultra HD】にチェックを入れておきましょう。外出時にモバイル通信のデータ使用量を抑えたい場合は、【HD/

Ultra HD】ではなく【標準】を選ぶことで、ハイレゾやロスレスではなく**圧縮音声での再生**に切り替わります。

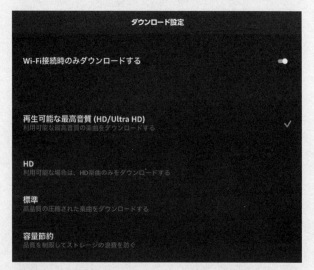

◆図8-3 『アマゾン ミュージック』の設定画面3（iOS ダウンロード設定）

ダウンロード再生時にはインターネットへの接続が不要なので、音質は【**再生可能な最高音質（HD/Ultra HD)**】を選びます。ただし、実際にダウンロードする時にはインターネットへの接続が必要なので、【**Wi-Fi接続時のみダウンロードする**】をオンにしておきます。

第8章 高音質ストリーミングのセッティング

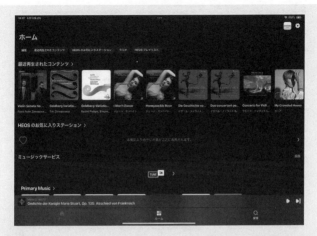

◆図8-4 『アマゾン ミュージック』のトップ画面（iOSの「アマゾン ミュージック アプリ」）

登録完了後にトップ画面に戻ると、新譜や人気作品がカバーアート画像とともに**一覧表示されたトップ画面**が表示されます。画面を下にスクロールすると、**アーティスト別／テーマ別のプレイリスト**も出てきます。これはお気に入りに登録した楽曲や再生履歴などの情報を元に『アマゾン ミュージック』が選んだもので、好みに合うものが見つかった場合は、クリックして再生してみましょう。

◆図8-5 『アマゾン ミュージック』の検索画面（iOSの「アマゾン ミュージック アプリ」）

画面下部の【🔍見つける】をクリックすると、**検索欄**が表示されます。ここに任意のキーワードを入力して、**楽曲やアルバムを検索する**ことができます。検索欄の下には音楽ジャンルや再生テーマ別のメニューアイコンが並んでおり、例えば【ニューリリース】を選ぶと、話題の新譜のなかから聴きたい曲やアルバムを探すことができます。

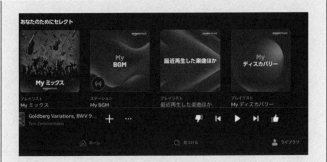

◆図8-6 『アマゾン ミュージック』のライブラリ画面 (iOSの「アマゾン ミュージック アプリ」)

再生履歴や最近追加した曲から楽曲を探す場合は、トップ画面のいちばん下に表示されている【ライブラリ】アイコンをクリックします。ダウンロードした音源の一覧も、この画面から表示することができます。

◆図8-7 『アマゾン ミュージック』の再生画面（iOSの「アマゾン ミュージック アプリ」）

楽曲再生中に右下のメニューアイコン【・・・】をクリックすると、サブメニューが表示され、再生中の曲をプレイリストに登録したり、オーディオ品質を確認したりすることができます。

『アマゾン ミュージック』のカタログには、ハイレゾ音源も多数含まれています。ハイレゾ形式で配信されている楽

第8章 高音質ストリーミングのセッティング

曲は【Ultra HD】というアイコンで識別することができます。「HD」は「ロスレス形式の音源」という意味で、CDと同等の音質で楽しむことができます。

◆図8-8 「HEOSアプリ」ミュージックサービスを追加する（iOS用「HEOSアプリ」）

「HEOSアプリ」はデノンやマランツのネットワークプレーヤーを操作する時の標準アプリです。アマゾンのアカウントとは別に、HEOSのアカウントを登録する必要があります。

【ミュージックサービスの編集】を選ぶと、『アマゾン ミュージック』のほかに『Spotify』など他のサービスを追加することができます。『アマゾン ミュージック』の操作、選曲にはこのアプリを使うのが最も手軽ですが、いまのところHEOSは『Qobuz』に対応していないようです。

■『Qobuz』

　主要なネットワークプレーヤーの大半が『Qobuz』と『TIDAL』に標準で対応しています。どちらも本書執筆時点（2024年6月）では、日本での正式にサービスを開始していませんでしたが、『Qobuz』は2024年秋以降に国内でもサービスを開始する見込みです。すでに『Qobuz』に対応している海外メーカーの製品と同様に、日本のメーカーの多くのネットワークプレーヤーもすぐに利用できるようになるはずです。

　ここでは海外で取得したアカウントで米国の『Qobuz』を利用した際の使い勝手を紹介しますが、日本版の『Qobuz』ではメニューや楽曲情報が日本語化され、さらに使いやすくなります。また、「マガジン」と呼ばれる『Qobuz』独自編集の読み物も、順次日本語で楽しめるようになるとのことです。

　実際に設定画面を見てみましょう。

　ストリーミングのリストのなかから『Qobuz』を選び、ログイン操作をするところまでは『アマゾン ミュージック』と変わりません。図8-9-1はリンの操作アプリ「LINN アプリ」（iOS用）で『Qobuz』にログインし、最初に表示されるトップ画面です。もう1つの画面はパソコン（Mac）用の「Qobuz アプリ」を開いた時に最初に表示される画面（図8-9-2）で、こちらには音楽コンテンツだけでなく読み物ページにアクセスする**「マガジン」**のタブ（🔲）などが見えます。「Qobuz アプリ」の方は機能が豊富ですが、普段音楽を聴く時の入り口としては、プレー

第8章 高音質ストリーミングのセッティング

図8-9-1 「LINNアプリ」で開いた『Qobuz』

図8-9-2 「Qobuzアプリ」で開いた『Qobuz』

155

ヤーの操作アプリも基本的な機能がそろっており、検索の
しやすさもほぼ同じです。

「LINN アプリ」【My Qobuz】の【お気に入り】をタッ
プすると、お気に入りに登録したアルバム、アーティス
ト、プレイリストが一覧表示されます。トップ画面のジャ
ンル一覧のなかから好みのジャンルをクリックすると、新
譜・人気作品などが一覧表示され、そこを起点に膨大なカ
タログをめぐる選曲の旅が始まります。

『Qobuz』はリアルタイムのストリーミング配信だけでな
く、特に気に入った音源を手元のNASにファイル単位で
ダウンロード購入することができます。ストリーミングで
は聴くことができない**DSDや他のファイル形式の音源も
そろっている**ので、「この音源はどうしても DSDで聴いて
みたい」というオーディオファンの注目を集めそうです。

	マイアカウント	表示	ストリーミング	音楽ダウンロード

音質

ハイレゾ 24-Bit / 最大192 kHz *	ハイレゾ 24-Bit / 最大96 kHz	CD 16-Bit / 44.1 kHz
MP3 320 kbps		

オートプレイ

再生リストが終了した後も音楽の再生を続行します

再生設定

第8章　高音質ストリーミングのセッティング

◆図8-10　「Qobuz アプリ」の設定画面（ストリーミングの音質）

「Qobuz アプリ」の設定画面はパソコン用アプリ右上のア
カウントアイコンをクリックし【設定】を選ぶことで表示
することができます。複数の設定項目が並んでいますが、
最も重要なのは【ストリーミング】の【音質】で、最大の
【ハイレゾ192 kHz/24 bit】を選んでおきましょう。通信
速度などの問題で再生が安定しない場合は、計4段階でサ
ンプリング周波数とデータ形式を切り替えることもできま
す。

◆図8-11　「Qobuz アプリ」設定画面2──ストリーミ
ング再生設定その他

ストリーミング設定画面をスクロールすると、【再生設定】【キャッシュ管理】などの項目が現れます。前者は接続しているUSB-DACを選ぶ時の設定のほか、パソコンで復号した『Qobuz』の音源を「AirPlay」対応機器にワイヤレス送信する場合の設定を行うことができます。【キャッシュ管理】の項目は特に変更する必要はありません。キャッシュサイズの項目が【快適さ】に設定されていればスムーズに再生できるはずです。

1つ以上のジャンルを選択

すべてを選択

☐ ポップス / ロック   ☐ カントリー
☑ ジャズ   ☐ メタル
☑ クラシック   ☐ ブルース
☐ エレクトロニック   ☐ ラテン
☐ ソウル / ファンク / R&B   ☐ サウンドトラック
☐ フォーク   ☑ ワールド
☐ ヒップホップ / ラップ   ☐ コメディー / その他

◆図8-12 「Qobuz アプリ」の検索画面

『Qobuz』の検索機能は、アプリの種類によって機能や操作方法が異なります。パソコン用アプリでは**方向磁石のアイコン**をクリックすると検索対象ジャンルを選ぶメニューが表示され、【ジャズ】【クラシック】【ワールド】など複数のジャンルを指定することができます。一方、「LINNアプリ」では同時に複数のジャンルを選ぶことはできませ

第8章 高音質ストリーミングのセッティング

ん。
検索欄にキーワードを入力してアーティストやアルバムを探す機能は、他のサービスと同様にいつでも利用できます。検索結果の冒頭には「人気楽曲」が表示されますが、そのすぐ下に「アルバム」一覧が出てくるので、アルバム単位で検索したい場合もこの検索機能でカバーできます。その他、「アルバム」の下に**関連アーティストのリスト**も表示されるので、共演者や関係が近いアーティストの録音を探す時に活用できます。

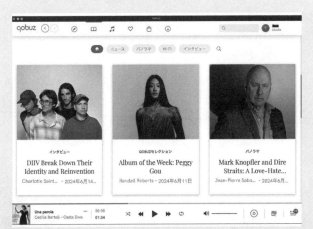

◆図8-13 「Qobuzアプリ」で「マガジン」を読む

「Qobuzアプリ」のメニューから【マガジン】を選ぶと、【ニュース】【パノラマ】【Hi-Fi】【インタビュー】という4つのテーマ別に複数の記事を読むことができます。2024年6月時点ではダイアー・ストレイツのマーク・ノップラ

159

ーの記事やピアニストのラン・ランのインタビュー記事などが掲載されていました。アーティスト関連だけでなくオーディオ機器のレビューもあり、幅広く楽しめる内容になっています。米国版なので言語が英語になっていますが、日本でのサービス開始後、順次日本語で読めるようになる予定です。

■『アップル ミュージック』

　さて、もう一つの重要な高音質ストリーミングである『アップル ミュージック』に話を進めることにしましょう。

　アプリのストリーミング一覧に『アップル ミュージック』の名が上がっていないことに気付いた読者は多いと思います。本書前半でも少し触れましたが、『アップル ミュージック』の高音質ストリーミングをそのままオリジナルの音質で楽しむためには特別な接続が必要で、**市販のネットワークプレーヤーでは他のサービスと同様の使い勝手で聴くことができない**のです。

　スマホやタブレットで再生した音楽をワイヤレスでネットオーディオ機器に飛ばす「AirPlay」は利用できますが、「AirPlay」の規格は最大サンプリング周波数が48kHz/24 bitに制約されてしまうため、ハイレゾを本来の高音質で再生することができません。アップルも外部機器を用いたハイレゾ再生のための方法を提案しているほどなので以下のように特別な準備が必要です。

『アップル ミュージック』や『アップル ミュージック

第8章　高音質ストリーミングのセッティング

クラシカル』を本来の高音質で再生する方法は、ネットワーク（LAN）ではなくUSBケーブルでスマホやタブレットを外部D／Aコンバーターに接続するというもので、これがアップル推奨の方法でもあります。選曲しやすさなど操作性をある程度確保するためには、スマホではなくタブレット（アップル製iPadなど）が使いやすさで勝り、楽曲情報を確認しやすいという長所もあります。一方、USBケーブルを常につないでおかないと音が出ないので、スマホやタブレットを部屋の中で自由に持ち歩くことができません。その不便さが許容できない場合は、他のサービスを選ぶことを考えましょう。

使用するケーブルはタブレットのプラットフォーム（iOS、Windows、Androidなど）や機器の世代によりますが、最新機種ではUSB-Cが標準なので、USB-C/USB-Bのケーブルを用意するか、USB-C/USB-Aの変換アダプター（図8-14）を利用すれば既存のUSB-A/USB-Bケーブルを流用することができます。

図8-14　USB-C/USB-A変換アダプター

オーディオの品質

ロスレスオーディオ

ロスレスファイルでは、元のオーディオ情報がすべて保持されます。この機能をオンにすると、データ使用量が大幅に増加します。

ロスレスオーディオについて

Wi-Fiストリーミング　　　　　　　　　　　　　　ハイレゾロスレス >

ダウンロード　　　　　　　　　　　　　　　　　　ハイレゾロスレス >

以前にダウンロードされたコンテンツは、最初にダウンロードされたときのオーディオ品質（解像度）で引き続き再生されます。

◆図8-15 『アップル ミュージック』の設定画面

『アップル ミュージック』の設定はiOSの設定画面から【ミュージック】を開き、【ロスレスオーディオ】をオンにし、【オーディオの品質】という項目で【ハイレゾ・ロスレス】を選ぶことで完了します。オーディオのその他の項目は原則としてオフのままで問題ありませんが、ステレオ再生で聞く場合は【ドルビーアトモス】はオフにしてください。

ネットにつながない**オフライン状態**で再生するためにダウンロードする機能も利用できますが、ハイレゾ／ロスレス音源は**タブレットやスマホのストレージを大量に消費する**ので、注意が必要です。

■『アップル ミュージック』に対応するネットワークプレーヤー

『アップル ミュージック』の高音質と使い勝手の良さを両立させるもう一つの選択肢として、『アップル ミュージ

第8章　高音質ストリーミングのセッティング

ック』に対応した最新のネットワークプレーヤーを選ぶという方法があります。中国深圳(しんせん)のオーディオメーカーであるエヴァーソロが開発したネットワークプレーヤー「DMP-A8」という製品で、現在入手できるネットワークプレーヤーの中では、『アップル ミュージック』に本格的に対応した数少ない製品の一つです（図8-16）。Android OSを組み込むことでアプリの追加に対応し、『アップル ミュージック』もアプリを登録するだけで利用できるようになります。Android OSのオーディオ回路には性能面で制約があるのですが、エヴァーソロはAndroid OSのオーディオ回路をバイパスすることで音質劣化を回避することに成功し、ハイファイ製品としての基本性能を実現してい

図8-16 『アップル ミュージック』再生中のエヴァーソロDMP-A8の画面

ます。

　大型のタッチディスプレイを内蔵するので本体でも選曲などの基本操作ができますが、通常のネットワークプレーヤーと同様、スマホやタブレットからワイヤレスで選曲操作ができるので、ケーブル接続（USB）の煩わしさもありません。多機能な製品ですが、基本的なネットワーク再生機能が充実し、動作も安定しているので、ネットワークプレーヤー最初の１台としてもお薦めです。『アップル　ミュージック』だけでなく、『アマゾン　ミュージック』『Qobuz』『TIDAL』にもそれぞれ標準で対応しているので、複数のストリーミングサービスに登録して、ジャンルやアーティストによって使い分けたり、音質を比較したりするなどマニアックな用途にも向いています。もちろん『アップル　ミュージック　クラシカル』も『アップル　ミュージック』と同じ使い勝手で楽しむことができます。

第9章

「Roon」の設定と使いこなし

　ここまではネットワークプレーヤーを中心としたオーディオ機器で、ファイル再生やストリーミングを楽しむ方法を中心に説明してきました。その中で、パソコン（タブレット）は音楽データを再生する用途ではなく、パソコン専用アプリで操作するなどの、あくまでもオペレーションの用途に限って紹介しました。サービスの登録か、『Qobuz』のように選曲をパソコンの専用アプリで行う場合に限って使っていますが、あくまで脇役。最近のネットオーディオでは、あえてパソコンを使わない人が増えているので、本書もできるだけパソコンを使わずに準備と設定ができるように工夫しました。

　音楽再生にパソコンを使う人が減った最大の理由は使い勝手に課題があることですが、その一方で**パソコンでなければ実現できない鑑賞体験**や優れた音質を狙える例もあ

図9-1　パソコンで起動した「Roon」のトップ画面

り、パソコンの操作に慣れているオーディオファンを中心にパソコンを主役として使いこなす再生方法は今も健在です。**総合音楽再生ソフト「Roon（ルーン）」**がその代表的なものです（図9-1）。本章では「Roon」を導入するメリットや具体的な使い方を紹介しましょう。

■「Roon」の仕組み

「Roon」はコンピューター本体と複数のソフトウェア、そして操作端末と再生機器で構成されるシステム（プラットフォーム）です。とはいえ、既存のネットオーディオのユーザーでパソコンを持っていれば、多くの場合「Roon」のソフトウェアをパソコンにインストールするだけで導入可能です。コンピューターは手持ちのパソコン（Windows、Mac OS、Linuxなど）が使えますし、再生機器も「Roon」に対応した多くのネットワークプレーヤー

第9章　「Roon」の設定と使いこなし

やUSB-DACが利用できるため、それらの機器が手元にある場合は、「Roon」のソフトウェアをパソコンにインストールするだけで使い始めることができます。

それでは既存のネットオーディオと何が違うのかというと、**「Roon」自身が音楽データのデコード（復号）を行い、RAAT（Roon Advanced Audio Transport）と呼ばれる独自のプロトコルでPCMまたはDSDの音楽データをオーディオ機器に供給する**点にあります。

一方、「Roon」以外のネットオーディオでは、**UPnPと呼ばれるプロトコルを用いて音楽データをネットワーク上でやり取りすることが多く、ほぼ標準になっています。**

UPnP（Universal Plug and Play）はメーカーが異なる機器間でもデータをスムーズにやり取りできるという長所がありますが、信号の復号処理がネットワークプレーヤーにとって負荷となる場合があります。「Roon」が採用しているRAATは、デコード処理を行ってからネットワークプレーヤーやD／Aコンバーターに配信するため、再生機器の負荷が小さくなる場合があり、それが音質改善につながると「Roon」は説明しています。

実際に音質が改善するかどうかは、使用しているネットワークプレーヤーやUSB-DAC、さらに音源のファイル形式やネットワーク環境に依存するため、確実に「Roon」の方が音が良いと断言することはできません。けれどもUPnP対応のネットワークプレーヤーを通常通りに再生した場合と、「Roon」の出力端末として設定して「Roon」で再生した場合の音を聴き比べると、音質が変化すること

があるのは事実です。無料お試し期間を利用して音の違い
を確認し、**音が良くなったと実感できたら「Roon」の導
入を検討する**のがよいと思います。

　ここで「Roon」の基本的なシステム構成を紹介しまし
ょう（図9-2）。システムの中でパソコンは「**Roon Core
（ルーン・コア）**」と呼ばれ、楽曲の管理を含むサーバー機
能（音源の保存と配信）を提供します。1つの「Roon」
システムには1台のコアが必須ですが、2台以上のパソコ
ンを同時にコアに指定することはできません。操作を行う
「**Roon Remote（ルーン・リモート）**」にはスマホやタブ
レットを利用できますが、パソコンの「Roonアプリ」上
からも操作できるので必須ではありません。

　そしてコアと並んで注意が必要なのが、ネットワークプ
レーヤーやネットワークトランスポーターなどの再生機器
（「Roon」では「Output（アウトプット）」と呼んでいま
す）です。RAATに対応して**ネットワークにつなげばす
ぐにRoonが使える機器を「Roon Ready（ルーン・レデ
ィ）**」と呼び、対応していない機器を使うためコアにダウ
ンロードするソフトウェアを「**Roon Bridge（ルーン・ブ
リッジ）**」と言います。

　ですから「Roon」を使おうと思うなら、「**Roon
Ready**」のネットワークプレーヤーまたはUSB-DACを選
んでおくことが一般的です。そのほか、NASをつなぐこ
ともできます。また、軽快な動作を実現したとされる
「Roon」オリジナルのコンピューター「Nucleus（ニュー
クリアス）」も販売されています。

第9章 「Roon」の設定と使いこなし

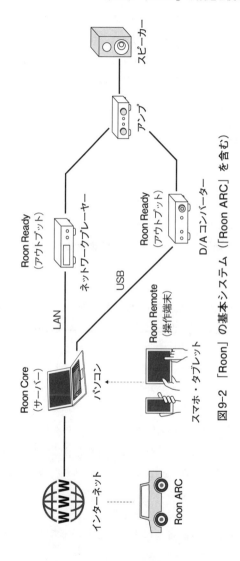

図9-2 「Roon」の基本システム（「Roon ARC」を含む）

■「Roon」のインストールと運用

コアとして用いる予定のパソコンから「Roon」のサイトにアクセスし、**登録とソフトウェアをダウンロードすることが最初の手順**となります。無料トライアル期間を活用して使い勝手を試すために、じっくり試せる時間を確保できる時に登録するとよいでしょう。

「Roon」を最初に起動すると、「Roon」がパソコンの内蔵ストレージやNASなどに存在する音楽ファイルを漏れなくスキャンし、独自のタグ情報を付加して、ユーザー一人一人に専用の音楽データベースを構築します。**この独自のタグ情報に「Roon」最大の価値があり**、選曲した時にアルバムの共演者やプロデューサーなどの情報（クレジット）を元に、関連する楽曲を一覧表示できるようになります。**その対象は家庭内LANにつながっているストレージだけでなく、ストリーミングサービス（『Qobuz』または『TIDAL』）の楽曲にも及ぶ**ので、「次はこのアルバムを聴いてみたら？」というリコメンドの精度が非常に高く、関連情報をたどることで膨大な楽曲にアクセスできます。なおコアとして指定したパソコンや、データの読み込み元として指定したNASに大量の音楽データを保存している場合、スキャンとデータベースの作成にかなり時間がかかる場合がありますが、一度データベースが完成すれば、次からはすぐ起動するようになります。

「Roon」でお気に入りの曲を聴いたら、これまでその存在すら知らなかった音源に出会うことができたという声をよ

第9章 「Roon」の設定と使いこなし

く聞きますが、まさにそこに「Roon」を導入する最大の
メリットがあります。お気に入りのアルバムを繰り返し聴
く人よりも、好みのアーティストや作品を起点にできるだ
けいろいろな音楽と出会いたいというアクティブな音楽ファンに向いていると言えるでしょう。

　独自のタグ情報に基づく「Roon」のデータベースを利用するためには、月額14.99ドル（1ドル157円換算で約2353円）または永久使用料として829.99ドル（同130308円）という、それなりに高額の料金を支払う必要があります。**5年以上使い続けるなら永久使用料の方が割安**になりますが、「Roon」を最大限に活用するには高音質ストリーミングサービスとの契約が前提となるので、それらの料金も加算されることを考えると、かなり出費がかさみます。

　高音質の聴き放題サービスに加えて、音楽ファンの好みや嗜好を的確に押さえたリスニング環境が手に入ることを考えると、過剰な高価格とまでは言えませんが、ストリーミングサービス側の料金体系と比較しても少し割高に感じることも事実です。

　割高と感じるもう一つの理由は、高音質ストリーミングサービスの検索機能が進化を遂げていることにもあります。
「Roon」の充実したタグ情報は、例えばクラシック音楽でも精度の高い検索機能を提供しますが、クラシック音楽に特化してタグ情報を充実させた『**アップル ミュージック クラシカル**』が登場したことで状況が変わりました。クラシック音楽に限った話になりますが、「Roon」に頼ら

171

なくても同等またはそれ以上の関連楽曲情報にアクセスできるようになったのです。筆者の個人的な印象ですが、どちらかというと網羅的に関連アーティストや作曲家を表示する傾向がある「Roon」よりも、本当に知りたい情報が厳選されて出てくるという点で、『アップル ミュージック クラシカル』の方が便利と感じることが最近は増えてきました。

■強力なモバイル再生環境を提供する「Roon ARC」

一方、「Roon」も進化を続けています。「総合音楽再生ソフト」の枠組みを超え、**総合音楽再生プラットフォーム**と呼べる充実した機能を獲得しつつあります。比較的最近のアップデートで実現した拡張機能の代表例は、スマホなどモバイル端末上でも家庭の「Roon」システムと同じ音源を再生できる「Roon ARC」を導入したことです。

ネットワークにつながってさえいれば、「Roon ARCアプリ」をインストールしたスマホから、インターネットを介して自宅の「Roon Core」にアクセスし、NASやパソコンに保存した音源を聴くことができます。さらに契約しているリスナーなら、『Qobuz』または『TIDAL』の高音質ストリーミングも、場所を問わず好きなだけ楽しむことができます。『Qobuz』も『TIDAL』も現時点では国内で使えるアプリを入手できませんが、これら配信サービスの契約ユーザーが「Roon」からこれらのストリーミングサービスにログインすれば、スマホやタブレットでも制限なく高音質ストリーミングを楽しむことができます。「自宅

第9章 「Roon」の設定と使いこなし

のRoonのリスニング環境を屋外にも持ち出す」という発想です。次項で説明するように、「Roon ARC」を利用するために環境によってはルーターの設定を変更する必要がありますが、それさえクリアすれば使いこなしはそれほど難しくありません。

「Roon ARC」は、「CarPlay」や「Android Auto」など、**カーオーディオでアプリを使えるプラットフォームにも対応している**ので、手持ちのカーオーディオで高音質ストリーミングを制限なく聴けるメリットもあります。ハイレゾ／ロスレス音源の高音質をほぼ損なうことなくカーオーディオで再生でき、車内で聴く音源としては最良の音質を狙うことができます。

その真価を実感するためには、車載のオーディオを純正からカスタムインストールのシステムにグレードアップするなど、ある程度の音質対策を行うことが必要になりますが、純正カーオーディオで聴いても音の良さを聴き取れることもあるので、試してみる価値はあります。

ハイレゾ／ロスレス音源はデータ量が大きいので、**モバイル通信の費用が心配になります**が、車内専用の定額制Wi-Fiルーターなどを利用すれば、通信料金を月額1000円程度（Wi-Fiルーター端末価格込みでは2年契約で約2250円／月）に抑えることができるので、車内で音楽を聴く機会が多く、しかもできるだけ良い音で楽しみたいという人にはお薦めの方法です（図9-3）。なお、「CarPlay」や「Android Auto」では、インターネット接続環境があれば『アップル ミュージック』が使えるので、そちらで十分カ

**図9-3 定額制車載Wi-Fiルーターの例
パイオニア　DCT-WR100D**

バーできるという場合はあえて「Roon ARC」を導入しなくてもよいと思います。

■「Roon」の設定

「Roon」の設定メニューは項目が多岐にわたり、複数の階層のなかに多くの選択肢が並んでいるため、最初はハードルが高いと感じるかもしれません。**とりあえず基本的な設定をクリアしたうえで、そのまましばらく使い続けてみる**といいでしょう。操作に慣れてくると、画面表示の方法など、細かくカスタマイズできることが長所と感じられるようになるはずです。

第9章 「Roon」の設定と使いこなし

設定	一般
一般	ROON サーバー
保存場所	🖥 この Mac
サービス	サインイン:
セットアップ	
Roon ARC	**表示の設定**
プロファイル	サイドバーを常に表示する（スペースが許す場合）
再生時のアクション	サイドバーにプレイリストを表示
ライブラリ	アルバム表示をカスタマイズ
オーディオ	より多くのカバーや写真を表示できるようにする
ディスプレイ表示	非表示のトラックとアルバムを表示する ⑦
バックアップ	作曲家クレジットを示す
拡張 ✔	アーティスト名とアルバム名の言語
🅰 日本語 ▾	アーティストや楽曲の情報元
Roonの翻訳を毛伝う	

◆図9-4 「Roon」の設定画面その1

「Roon」起動後、左上の**歯車のアイコン**をクリックすると
【設定】画面が表示されます。【一般】のタグでは、「Roon
サーバー」として指定したパソコンの確認や画面レイアウ
トの変更など、基本的な設定が行えるほか、**アルバム一覧
の表示方法の詳細な設定**、リコメンデーションのリストに
優先的に表示するストリーミングサービスの選択など、使
い勝手に関わる設定を変更することができます。

175

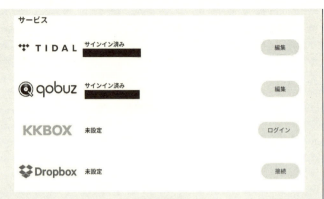

◆図9-5 「Roon」の設定画面その2

【サービス】のタグに利用可能なストリーミングサービスの一覧が表示されます。個別にログインの操作ができるほか、ストリーミング品質の変更もこの画面で行うことができます。登録済みのサービスをここから選択してログインすることで、**専用アプリを起動しなくても「Roon」経由で高音質ストリーミングサービスが使えるようになり**ます。近日中に国内で利用できるようになる『Qobuz』で、まずは試してみましょう。

第9章 「Roon」の設定と使いこなし

◆図9-6 「Roon」の設定画面その3

【オーディオ】のタグを開くと、出力機器を選ぶ画面が表示されます。パソコンの音声出力のほか、「Roon Ready」などが一覧表示されるので、「Roon」から音楽データを受信してアナログ信号を出力するネットワークプレーヤーなどの再生機器を、この一覧のなかから選びます。【有効】と表示されている場合は、「Roon」が検出しているだけで、まだ使える状態にはなっていません。この表示をクリックして、機器を有効化する操作が必要になります。いったん有効化した機器は、再生画面右下のオーディオ機器アイコンをクリックして切り替えることができます。

177

◆図9-7 「Roon」再生中の信号経路(シグナルパス)の確認画面

楽曲を再生している音源の種類(ストリーミングサービス／NASなど)、データ形式、再生機器への信号伝送経路、データ形式の変換の内容などを確認できます。【シグナルパス：無損失】と表示されている場合は、音質劣化のない伝送が行われていることを意味します。

第9章 「Roon」の設定と使いこなし

◆図9-8 「Roon ARC」の楽曲再生画面（iPhoneアプリ）
スマホにインストールした「Roon ARC」を起動すると、再生済みコンテンツや最近追加したアルバムなどが自宅の「Roon」と同期した状態で一覧表示されます。そのほか、新譜の一覧や「Roon」が作成したテーマ別のプレイリス

179

トなどが表示されます。ここに表示される音源は自宅で「Roon」を使って聴いた音源の履歴とリンクしているので、普段聴かないジャンルの音源が表示されることはありません。

◆図9-9 「Roon ARC」のトップ画面(「アップルCarplay」の場合)

「Carplay」対応のカーオーディオにスマホをUSBで接続すると、このトップ画面が表示されます。スマホのアプリと同様、「Roon」で最近再生したアルバムや「Roon」が薦めるアルバムのリストが表示され、**自宅で使っている「Roon」の再生環境をそのまま自動車のなかに再現する**ことができます。

カーオーディオとの接続にはBluetoothも使えますが、スマホでハイレゾ／ロスレス音源を再生しても最終的に圧縮されてしまうため、音質面では有線のUSB接続に比べて不利になります。

第9章 「Roon」の設定と使いこなし

◆図9-10 「Roon ARC」の設定画面

スマホにインストールした「Roon ARC」には、独自の設定項目が表示されます。特に重要なのは再生品質を選ぶ項目で、**Wi-Fiとモバイル回線で別々に音質を設定できる**ほか、回線の速度を識別して自動的に音質を切り替える設定

も選ぶことができます。同様にダウンロードについても接続状況に応じて音質（音声フォーマットなど）を切り替えることができます。

第10章

ネットオーディオのバリエーション

　高音質ストリーミングサービスを中心に、設定や操作の基本を紹介してきました。「導入のハードルが高い」と感じていたネットオーディオが、以前より身近に感じられるようになったのではないでしょうか。

　ところで、インターネットを利用する音楽配信の分野では、高音質配信以外にも新たなサービスが広がり始めています。本書の中心テーマとは少し外れる部分もありますが、**新たな鑑賞スタイルがどんな可能性を秘めているのか**、探ってみることにします。

　ここでは**空間オーディオ**と**定額制動画配信**の2つに焦点を合わせ、設定や再生の方法を紹介します。

　空間オーディオは音が3次元に広がる立体音響技術を利用した再生方法の一つで、映画だけでなく音楽でも**身体を包み込むような臨場感の再現**を狙っています。高音質スト

リーミングの一形態として音源が急速に増えており、新たな潮流になってきました。定額制動画配信は**画質と音質にこだわる音楽ファン向けの有料サービス**のことで、無料動画では見られないコンサートのライブ映像やアーカイブを高品質で提供しています。

■空間オーディオとは？

　前後左右に複数のスピーカーを配置するサラウンド再生は劇場と家庭用の映画音響ではおなじみですが、1970年前後に登場した4chステレオ以降、音楽再生でも複数の方式が提案されてきました。物理メディアとしては、サラウンド音声を収録したスーパーオーディオCD（SACD）が現在も販売されているほか、Blu-rayディスク（BD）に音声を中心に収録するBDオーディオというメディアもあります。SACDは5.1チャンネル、BDオーディオは7.1チャンネルまで収録できるため、それらの音源を立体感豊かに再現するためには、左右フロント・センター・左右リア（＋左右サラウンドバック）・サブウーファーというスピーカー構成でサラウンドの再生システムを組むことになります（サブウーファーは再生音域が低域に限られるため、0.1チャンネルとして表記）。

　一方、音楽配信で「空間オーディオ」と呼ぶことが多い録音・再生方式は、映画用にドルビーが開発した「**ドルビーアトモス**」や、音楽コンテンツ向けにソニーが開発した「**360 Reality Audio**」に代表される新しい立体音響技術を用いています。これらの技術は水平方向に広がる従来のサ

第10章　ネットオーディオのバリエーション

ラウンド音場に加えて、**高さ方向の情報を再現**できることが特長です。ライブコンサートの雰囲気を忠実に再現したり、楽器や声を任意の位置に配置して上下左右に動かしたりなど、作り手の意図に沿った自由な空間表現ができるようになりました。

　高さ方向の情報を再現するためには、スピーカーの数を増やすことが必要です。具体的には従来の5.1チャンネルや7.1チャンネルのシステムに加えて、天井などにトップチャンネル用のスピーカーを設置することが推奨されており、リビングルームなどの専用ホームシアター以外の環境では、導入のハードルが高くなります。複数のスピーカーを鳴らすためにマルチチャンネル仕様のAVアンプも必要なので、費用もかさみます。

　再生環境のハードルを下げるための工夫として、「ドルビーアトモス」や「360 Reality Audio」は従来のサラウンドとは異なる手法を導入しました。空間に配置する楽器の位置情報などを音源に付加し、スピーカーの数や配置に応じて位置情報などを仮想的に再現するという手法で、スピーカーの数が限られる再生環境でも楽器の位置や空間的な広がりを再現できるとされています。極端な例では、ヘッドフォンやイヤフォンまたはスマホやタブレットなど、左右チャンネルのみの再生機器でも、それなりに奥行きや高さを実感することができます。高音質ストリーミングで採用例が増えている空間オーディオは、主にそうした手軽な再生環境を想定しており、そこに映画の立体音響との大きな違いがあります。

ステレオ再生は声や楽器のイメージが明確に定位する長所がありますが、左右中央に声や楽器を配置した録音をヘッドフォンやイヤフォンで聴くと、頭のなかで鳴っている感覚に陥りやすく、気になることがあります。空間オーディオの手法で声や楽器を適切に配置すると、その不自然さを解消できるだけでなく、パーカッションがステージ奥に定位したり、コーラスが斜め上方に展開するなど、ステレオ再生以上に立体的な空間表現を追求できるメリットが生まれます。

　もちろん本来なら、スピーカーの数が多い方が立体音響を再現する精度が高くなりますが、イヤフォンのような手軽な再生環境でも違和感なく音楽を楽しめる長所は無視できません。音楽配信で空間オーディオの導入が急速に進んでいる背景には、そんな事情があります。なお、「ドルビーアトモス」と「360 Reality Audio」の違いは、前者では高さ方向の情報が耳よりも上方に分布するのに対し、後者はリスナーの下方向の情報も再現できることにあります。一方、ストリーミングサービスで配信されている楽曲数は「ドルビーアトモス」が「360 Reality Audio」を大きく上回っています（2024年7月現在）。

■空間オーディオの手軽な再生方法

　日本で利用できる高音質ストリーミングでは、『アマゾン ミュージック』と『アップル ミュージック』が空間オーディオの楽曲を配信しています。『アマゾン ミュージック』は「ドルビーアトモス」と「360 Reality Audio」両

第10章　ネットオーディオのバリエーション

方の音源を配信していますが、『アップル ミュージック』は「ドルビーアトモス」のみです（2024年7月現在）。ロスレスやハイレゾ以外に空間オーディオの音源を用意している楽曲は、「ドルビーアトモス」または「360 Reality Audio」という表示で識別が可能で、どちらのサービスも「空間オーディオ」の推薦作品を集めたプレイリストを提供しています。

　本格的なサラウンドシステムを持っていなくても、スマホまたはタブレットとイヤフォン／ヘッドフォンがあれば、空間オーディオの効果を簡単に試すことができます。スピーカー再生に比べると空間の大きさや包囲感に制約がありますが、大がかりなサラウンドシステムがいらないのでハードルが低く、費用も抑えられます。

　空間オーディオの楽曲を再生するための設定も難しくありません。各サービスの契約ユーザーなら追加料金も不要です。第8章で『アマゾン ミュージック』と『アップル ミュージック』の音質設定を紹介した際、iOSやAndroidの【設定】メニューから【ドルビーアトモス／360 Reality Audio】や【ドルビーアトモス】の項目を【オフ】にするように説明しましたが、それらを【オン】にするだけで設定が完了します。念のため繰り返しますが、ネットワークプレーヤーの場合はこの項目は【オフ】が基本です。

10:54	.ıll 📶 92

く設定　　　ミュージック

オーディオ

ドルビーアトモス	自動 >
オーディオの品質	>
イコライザ	オフ >
音量を自動調整	🔵
クロスフェード	⚪

AirPlay使用中はクロスフェードは使用できません。

ダウンロード

ダウンロード済み	56.16 GB >
ストレージを最適化	オン >
モバイル通信経由でダウンロード	⚪
ドルビーアトモスでダウンロード	🔵
自動的にダウンロード	⚪

ライブラリに追加したり、iTunes Storeで購入し
たりすると、ミュージックを自動的にダウンロード
してオフラインで聴くことができます。

アニメーションのアート	オン >

◆図10-1　スマホの設定画面

【ミュージック】の【ドルビーアトモス】の項目で再生方
式を変更できます（iOSの設定画面）。

第10章　ネットオーディオのバリエーション

■アップル固有の設定

　AirPods Pro など、**アップル製イヤフォンやヘッドフォ
ンの一部**に「ダイナミックヘッドトラッキング」という機
能を利用できる製品があり、スマホやタブレットの【コン
トロールセンター】画面の【イヤフォン／ヘッドフォン】
のアイコンを長押しすることで、同機能をオンにすること
ができます。**顔の向きを変えると、それと連動して楽器が
定位する方向まで変わるという先進的な機能**で、VR（仮
想現実）や AR（拡張現実）用途のヘッドマウント・ディ
スプレイと組み合わせると面白い効果を発揮しそうです。
とはいえ音楽再生での効果は音源による差が大きく、あえ
て使う意味が感じられないケースもあります。少なくとも
常時オンにする必要はないでしょう。

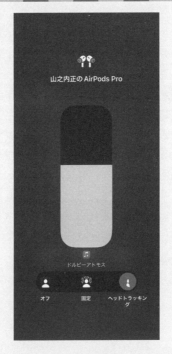

◆図10-2 AirPods Proの設定画面（iOSのコントロールセンター）

【ヘッドトラッキング】を【オン】にすると、顔の向きに連動して楽器の定位が変わります。

　もう一度アップルミュージックの設定画面に戻りましょう。空間オーディオ再生に対応したアップル製イヤフォン／ヘッドフォン（AirPodsやAirPods Proなど）を再生機器として使用する場合は、【ドルビーアトモス】の項目で【自動】を選ぶことで、空間オーディオで制作された音源

第10章　ネットオーディオのバリエーション

を自動的に「ドルビーアトモス」で再生します。一方、それ以外の一般的なイヤフォンやヘッドフォンを使う場合は、【常にオン】を選ぶことで空間オーディオに切り替わります。また、「ドルビーアトモス」再生時の音量がステレオ再生時に比べて小さい場合は、【音量を自動調整】の項目をオンにすることで両者がほぼ同じ音量になります。

◆図10-3　『アップル ミュージック』の「ドルビーアトモス」設定画面

【自動】を選ぶと一部のアップル製イヤフォン／ヘッドフォン使用時に空間オーディオとステレオが音源の方式に従って自動的に切り替わります。他社製など一般的なイヤフォン／ヘッドフォンを使う場合は【常にオン】を選びます。

オーディオ	
ドルビーアトモス	自動 >
オーディオの品質	>
イコライザ	オフ >
音量を自動調整	⬤
クロスフェード	◯

AirPlay使用中はクロスフェードは使用できません。

◆図10-4 『アップル ミュージック』の音量調整の設定画面

ステレオ再生時に比べて音量が小さいと感じる場合は、【音量を自動調整】を【オン】にするとステレオ再生時とほぼ同じ音量になります（iOSアプリ）。

■『アマゾン ミュージック』固有の設定

『アマゾン ミュージック』では、スマホまたはタブレットのアプリの設定画面で【ドルビーデジタル／360 Reality Audio】を【オン】にすることで、ステレオではなく空間オーディオの音源を再生するモードに切り替わります。さらに、楽曲再生中に右下に表示される【サブメニュー】の項目を選ぶと、ステレオ音声と空間オーディオを簡単に切り替えることができます。【設定メニュー】に戻ることなく再生中に切り替えられるので、方式による音の違いを確認したい時に活用するとよいでしょう。

第10章 ネットオーディオのバリエーション

◆図10-5 『アマゾン ミュージック』の設定メニューから【ステレオ／空間オーディオ切り替え画面】（iOSアプリ）を選択すると、楽曲の再生中にステレオと空間オーディオを切り替えることができます（図は「ドルビアトモス」選択時）。

■空間オーディオとステレオ再生の音質について

　空間オーディオはステレオ再生に比べてチャンネル数が多いため、ロスレスやハイレゾの音声と同等の解像度で伝送するとデータが膨大になってしまいます。ストリーミングでは回線への負荷が問題になるので、実際の配信では非可逆（データが軽い）の符号化処理を適用しています。楽器の定位など空間情報だけでなく、音色も含めてステレオ音源との違いが大きいため単純な比較はできませんが、音

質ではステレオ再生が優位に立つと考えるのが自然でしょう。前述の切り替え機能を使って、『アマゾン ミュージック』の音源で実際に聴き比べてみましょう。

違いを聴き取りやすいヴォーカルやオーケストラの楽曲を選び、再生しながら切り替えると、ステレオ再生の「明瞭で力強い音像定位」に対して、空間オーディオでは「余韻が広がる」「空間が広く見通しがよい」など、両者の違いにすぐ気付くはずです。

ディテール再現力や音色表現の多様さなど、空間表現以外の基本的な音質に注目して聴き比べると、いまのところはステレオ再生が圧倒的に有利です。ネットワーク再生でもあくまで音質にこだわるという音楽ファンとオーディオファンには、これまで本書で紹介してきたネットワークプレーヤーによるステレオ再生をお薦めします。

一方、**距離感や包囲感**など、ステレオ再生では実現しにくい表現を追求できる点に、空間オーディオの可能性があることも間違いありません。今後空間オーディオの配信環境が改善すれば、ステレオ再生を超える高音質再生が実現するかもしれません。

■AVアンプで空間オーディオを再現する方法

AVアンプと複数のスピーカーを組み合わせた本格的なシアターシステムで試聴すると、空間オーディオのポテンシャルの高さを実感することができます。「ドルビーアトモス」に対応した映画用のサウランドシステムがすでに自宅にある人なら、イヤフォンやヘッドフォンとは次元の異

第10章　ネットオーディオのバリエーション

なる空間の広がりや立体的な音像定位が得られることに驚くはずです。手持ちのシステムを活用できるので試してみる価値はありますが、再生機器は注意が必要です。

　一般的なネットワークプレーヤーは、いまのところ「ドルビーアトモス」や「360 Reality Audio」の再生に対応していません。ネットワークプレーヤーに代わる再生機器として、『アップル　ミュージック』の場合はApple TV 4Kを、『アマゾン　ミュージック』ではFire TV StickをAVアンプにHDMIで接続することで、空間オーディオの音声信号をサラウンドで再生できるようになります。適切にミキシングされた音源であれば、楽器の鮮明な音像や前後左右だけでなく、上下にも展開する音場の広がりを聴き取ることができます。

　追加の機材が必要とはいえ、どちらも比較的安価な製品なので、サラウンド環境があるなら試してみる価値はあります。

■高品質動画配信の先駆け『デジタル・コンサートホール』の音が進化した

　高音質音楽配信と動画配信にはネットワークを利用した音楽鑑賞という共通項がありますが、動画配信は音質に制約があり、音にこだわる音楽ファンの視点からは鑑賞の対象になりにくいものでした。インターネットの通信環境の改善に伴って映像配信も進化を遂げ、いまでは4Kの高画質も珍しくなくなりましたが、同時にロスレスやハイレゾで音声を配信する動画サービスは極端に少ないのが現状で

195

図10-6 ベルリン・フィルの『デジタル・コンサートホール（DCH）』

す。少なくとも音質の点からは、動画配信は明らかに遅れをとっていると言わざるを得ません。

そんななかで例外的な存在とも言える定額制の映像配信サービスが、ベルリン・フィルハーモニー管弦楽団が2009年に開始した『デジタル・コンサートホール（DCH）』です（図10-6）。会員になると、年間に約30回行われる定期演奏会をライブ中継とアーカイブの両方で楽しめるほか、カラヤンやアバドの時代に収録された過去の映像やツアー公演など、貴重なプログラムも好きなだけ見ることができます。会費は月額16.9ユーロ（2690円）または年額169ユーロ（26900円）と、定額制配信としてはやや高めですが、定期演奏会だけでも過去15年間の映像をすべて見られることを考えると納得がいきます。

第10章　ネットオーディオのバリエーション

　ベルリン・フィルはDCHの品質向上に、積極的かつ継続的に取り組んでいます。2021年6月には音声が従来の非可逆圧縮方式からロスレス・ハイレゾに格上げされ、4K映像の画質に見合う高音質で楽しめるようになりました。さらに2022年6月にはロスレス・ハイレゾのステレオ音声に加えて、「ドルビーアトモス」方式の空間オーディオ（DCHでは3D音声と表記）も選べるようになり、居ながらにして演奏会場の臨場感を共有できるようになりました。ちなみにハイレゾ音声での定額制映像配信は、DCHが世界で初めて実現したとされています。

　DCHを視聴できる機器はテレビ、パソコン、スマホ＆タブレットなど多岐にわたりますが、「ドルビーアトモス」のサラウンド音声を高音質で再生するAVシステムは、アップルのApple TV 4KとAVアンプをHDMIで接続する方法が最良の選択肢です。

　Apple TV 4KにDCHのアプリをインストールし、Apple TV 4Kの設定画面を開いて【ドルビーアトモス】を【オン】に切り替えれば基本的な設定は完了です。DCHの再生画面に表示される【歯車のアイコン】をクリックし、【3D音声】を選べば「ドルビーアトモス」で再生し、【ハイレゾ】を選択すればステレオで再生ができます（図10-7）。スマホのアプリにも同様な選択肢が表示されますが、ベルリン・フィルの演奏の醍醐味を味わうには大画面と本格的なオーディオシステムの組み合わせがお薦めです。

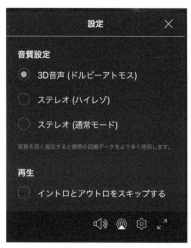

図10-7　DCHの「ドルビーアトモス」の設定

■有力レーベルが立ち上げた『STAGE＋』の見どころ・聴きどころ

　DCHはオーケストラが自主的に立ち上げ、運営している珍しい例ですが、その成功を受けてクラシックの名門レーベル「ドイツ・グラモフォン」が有料（月額1990円、年額19900円）の動画配信サービス『STAGE＋』を2023年の４月にスタートさせました（図10-8）。こちらも単独のレーベルとはいえ、著名なアーティスト多数と契約するクラシック最有力レーベルということもあり、その内容は充実しています。

　無料動画や他のサービスでは見られないライブ映像をほぼ毎週更新して提供するほか、ドイツ・グラモフォン、デ

第10章　ネットオーディオのバリエーション

図10-8　『STAGE＋』の画面

ッカからCDで発売されている音源の多くをロスレス・ハイレゾの高音質でストリーミング配信。アーティストや作曲家だけでなく、特定の音楽祭やコンサートホールからも作品を検索できるなど、クラシックファンが活用できるように独自の工夫を凝らしています（図10-9）。

設定画面の【音質・画質設定】を開くと（図10 10）、「低データモード」の切り替えと【ドルビーアトモス】のオン・オフ切り替えがあるので、【低データモード】を【オフ】、【ドルビーアトモス】を【オン】にすることで、DCHと同様に、サラウンド再生も楽しむことができます。【ドルビーアトモス】を【オフ】にすれば通常のステレオ再生に切り替わるので、再生システムに合わせて適切なモードを選んでください。

図10-9　特徴あるサービスが魅力

　DCHと同様、専用アプリをインストールしたApple TV 4KとAVアンプの組み合わせが最も手軽かつ高品質です。ただし収録年代が広範囲に及んでいることもあり、プログラムによる画質と音質の差は大きめです。

■世界最高水準の音質を実現する「Live Extreme」

　特定の演奏団体やレーベルではなく、日本の電子楽器メーカーであるコルグが開発したインターネット動画配信システム「Live Extreme」も、音が良いプラットフォームとして話題を集めています。これまでジャズ・クラシック・ポップスなど幅広いジャンルのコンサートやスタジオライブを、PCMやDSDのハイレゾ音声と最大4Kの高画

第10章 ネットオーディオのバリエーション

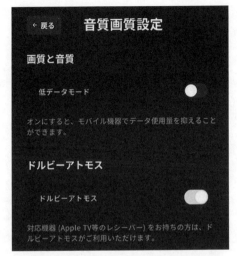

図10-10 『STAGE ＋』の音質設定

質映像を組み合わせてリアルタイム配信しており、プログラムの多様さでも注目が高まっています（図10-11）。

既存の動画配信は圧縮音声を使う例が多く、映像に対して音声のクオリティが著しく劣っています。「Live Extreme」はそれら既存の動画配信とは明確にアプローチが異なり、最高水準の音質を確保することにこだわっています。「Live Extreme」を利用したライブ配信を実際に体験すると、100インチを超える大画面に投影した精緻な4K映像に情報量の大きいハイレゾ音声が加わって、次元が異なる臨場感を味わうことができます。

再生にはパソコンやスマホのブラウザを利用します。ハイレゾやロスレスの音声を再生する場合はUSB-DACを利

図10-11 「Live Extreme」のウェブサイト

用し、「ドルビーアトモス」のサラウンド音声で楽しむ場合はDCHや「STAGE +」と同様、アップルのApple TV 4KとAVアンプをHDMIで接続することを推奨しています。再生機器ごとに対応するブラウザとハイレゾ対応の有無などが異なるので、手持ちの機器が対応しているかどうか、プログラムごとに「Live Extreme」のウェブサイトで確認してください。

ネットワークプレーヤー 一覧

*1 2024年6月現在、日本で販売されている代表的なネットワークプレーヤーとネットワークトランスポートです。

*2 HPなどで公開されているデータをまとめたものなので、性能を保証するものではありません。また、ソフトウェアのアップデート等で、対応するファイル形式などのスペックが変わることがあります。購入する際は、メーカーや販売店で確認してください。

ブランド	機種名	分類	AIFF	WAV	FLAC	ALAC	MQA	DSD	MP3	AAC	WMA	OGG	その他のスペック
dCS	Lina Network DAC	P	●	●	●		●	●					
iFiオーディオ	ZEN Stream	T	Roon Ready ○		OpenHome ●								Qobuz, TIDAL
iFiオーディオ	NEO Stream	P	Roon Ready ○		OpenHome ●	○							PCM/DSD対応, Qobuz, TIDAL
WiiM	WiiM Pro	P	Roon Ready ○	●	OpenHome ●	●	●		●	●	●	●	PCM/DSD/MQA対応, TIDAL
WiiM	WiiM Pro Plus	P	Roon Ready ○	●	OpenHome ●	●	●		●	●	●	●	TIDAL, Amazon Music HD
アトール	MS120	P	Roon Ready ○	●	OpenHome ●	●	●		●	●			TIDAL, Amazon Music HD
アトール	ST300 Signature	P	Roon Ready ○	●	OpenHome ●	●	●		●	●			ブリアンプ, Qobuz, TIDAL, Amazon Music

分類	機種			Roon Ready		OpenHome			対応サービス
エヴァーソロ	DMP-A8	P	●	●	●	●	●	●	Qobuz, TIDAL, Amazon Music, Apple Music, Apple Music Classial
エソテリック	N-01XD SE	P	●	●	●	●	●	●	Qobuz, TIDAL
エソテリック	N-05XD	P	●	○	●	●	●	●	Qobuz, TIDAL
エソテリック	N-03T	T	●	○	●	●	●	●	プリアンプ, Qobuz, TIDAL
オーレンダー	N30SA	T	●	○	●	●	●	●	ストレージ搭載, Qobuz, TIDAL
オーレンダー	A30	P	●	●	●	●	●	●	ストレージ搭載, Qobuz, TIDAL
オーレンダー	N20	T	●	●	●	●	●	●	Qobuz, TIDAL
オーレンダー	N150	T	●	●	●	●	●	●	Qobuz, TIDAL
スフォルツァート	DST-Lepus	T	●	●	●	●	●	●	Qobuz, TIDAL（ソフトウェアアップデートにより）
スフォルツァート	DST-Lyra	T	●	●	●	●	●		
スフォルツァート	DSP-Vela	P	●	●	●	●	●	●	Qobuz, TIDAL（ソフトウェアアップデートで可）

ブランド	型番	P/T		Roon Ready		OpenHome				
スフォルツァート	DSP-Dorado	P	●	Roon Ready	●	OpenHome	●	Qobuz, TIDAL（ソフトウェアアップデートで可）		●
スフォルツァート	DSP-Pavo	P	●	Roon Ready	●	OpenHome	●	Qobuz, TIDAL（ソフトウェアアップデートで可）		●
スペック	RMP-X1D	P	●	Roon Ready	●	OpenHome	●			
ソウルノート	Z3	T	●	Roon Ready ○	●	OpenHome	●			
ソム	sMS-200ultra Neo	T	○	Roon Ready ○	○	OpenHome ○	●			
ソム	sMS-200 Neo	T	○	Roon Ready ○	○	OpenHome ○	●	PCM, DSD		
ティアック	UD-701N	P	●	Roon Ready ○	●	OpenHome ○	●	PCM, DSD	●	
ティアック	NT-505-X	P	●	Roon Ready ○	●	OpenHome ○	●	プリアンプ, Qobuz, TIDAL	●	
デノン	DNP-2000NE	P	●	Roon Ready ○	●	OpenHome	●	プリアンプ, Qobuz, TIDAL	●	●
デノン	RCD-N12	P	●	Roon Ready	●	OpenHome	●	レシーバー, Amazon Music HD	●	
ブライマー	I15 PRISMA MK2	P	●	Roon Ready ○	●	OpenHome	●	プリメインアンプ	●	●

ブランド	モデル	T/P	Roon		OpenHome					
プライマー	NP5 PRISMA MK2	T	●	●	●		●	●	●	●
ブルーサウンド	NODE X	P	Roon Ready	○	OpenHome	●	●	●	●	●
ブルーサウンド	NODE	P	Roon Ready	○	OpenHome	TIDAL	●	●	●	●
プレイバックデザインズ	MPS-X	T	Roon Ready	○	OpenHome	TIDAL	●	●	●	
ボリューミオ	RIVO	T	Roon Ready	○	OpenHome	Qobuz, TIDAL	●	●		
ボリューミオ	PRIMO	P	Roon Ready	○	OpenHome	Qobuz, TIDAL	●	●		
マランツ	CD 50n	P	Roon Ready	○	OpenHome	Qobuz, TIDAL	●	●	●	
マランツ	SACD 30n	P	Roon Ready	○	(Roon Tested) OpenHome	CDプレーヤー、Amazon Music HD	●	●		
マランツ	MODEL 40n	P	Roon Ready ●		OpenHome	CDプレーヤー				
マランツ	M-CR612	P	Roon Ready	○	OpenHome	プリメインアンプ、TIDAL				
マランツ	M-CR612	P	Roon Ready		OpenHome	レシーバー、TIDAL			●	
マランツ	MODEL M1	P	Roon Ready		OpenHome	プリメインアンプ、TIDAL		●		

ブランド	製品名	タイプ	Roon Ready	OpenHome	対応サービス				
メリディアン	Meridian 210	T	●	●		●	●	●	●
ラックスマン	NT-07	T	○	●	Qobuz, TIDAL	●	●	●	
リードソン	ORATORIO	P	○	●	Qobuz, TIDAL	●	●	●	
リン	KLIMAX System Hub	T	●	●	Qobuz, TIDAL	●	●	●	●
リン	KLIMAX DSM/3	P	○	●	Qobuz, TIDAL（ファームウェアアップデートで可）	●	●	●	
リン	SELEKT DSM	P	○	●	プリアンプ, Qobuz, TIDAL（ファームウェアアップデートで可）	●			
リン	MAJIK DSM/4	P	●	●	プリアンプ, Qobuz, TIDAL	●	●		
ルーミン	LUMIN X1	P	○	●	プリメインアンプ, Qobuz, TIDAL	●			
ルーミン	LUMIN P1	P	○	●	Qobuz, TIDAL	●			
ルーミン	LUMIN D3	P	○	●	Qobuz, TIDAL	●			
ルーミン	LUMIN U2	T	○	●	Qobuz, TIDAL				

| ルーミン | LUMIN U2 MINI | T | ● | ● | Roon Ready ○ | ● | ● | OpenHome ○ | ● | ● | Qobuz, TIDAL | ● |
| ルーミン | LUMIN T3 | P | ● | ● | Roon Ready ○ | ● | ● | OpenHome ○ | ● | ● | Qobuz, TIDAL | ● |

さくいん

【数字】

360 Reality Audio　184, 186
5.1チャンネル　184
7.1チャンネル　184

【アルファベット】

AAC　53
A/D変換　47
AirPlay　66, 79, 160
AirPods Pro　189
Amazon Music　26
Android Auto　173
Apple Music　26
Apple Music Classical　27
Apple TV 4K　195
Apple TV+　37
AR　189
Bluetooth　124
CarPlay　173
CD　19, 50
CDプレーヤー　23

COAX　99
D/Aコンバーター　48, 87
D/A変換　48, 64
DAC　48
DCH　196
DRM　18
DSD　33, 35, 47, 49, 50, 89, 156
DXD　71
e-onkyo music　71
Fire TV Stick　195
FLAC　34, 36, 89
HDD　114
HDMI　197
HEOS　66
HEOSアプリ　153
iCloud+　37
iPod　18
IPアドレス　106, 119
iTunesミュージックストア
　18
LAN　108
LANケーブル　113
LINN Account　123, 126, 138

さくいん

LINN アプリ　92, 129

Live Extreme　200

LUMIN アプリ　92

mconnect Control　129

MP3　53

NAS　22, 33, 86, 101, 114, 126

NativeDSD　89

Nucleus　168

ONU　101, 105

OpenHome　94

OPT　99

Output　168

PCM　33, 35, 47, 49

PDM　47, 49, 50

Qobuz　27, 37, 71, 74, 89, 154

RAAT　167

Roon　95, 166

Roon ARC　172, 181

Roon Bridge　168

Roon Core　168

Roon Ready　168, 178,

Roon Remote　168

SACD　21, 35, 47

Spotify　24

SSD　114

SSID　107, 119

TIDAL　27, 154

TIDAL Connect　94

UPnP　94, 167

USB-A/USB-Bケーブル　162

USB-C　161

USB-C/USB-A変換アダプター
　161

USB-C/USB-B　161

USB-DAC　167

USB接続　88, 114

VR　189

WAN　108

WAV　35, 89

Wi-Fi　124

Wi-Fiルーター　97, 101, 106,
　122

【ギリシア文字】

ΔΣ変調　50

【あ行】

アイソレーター　110

アウトプット　168

アクティブスピーカー　60

圧縮　52

圧縮方法　33

アップグレード　134

アップデート　134

211

アップル　18
アップル　ミュージック　26, 37,
　66, 73, 160
アップル　ミュージック　クラシ
　カル　27, 37, 42, 161, 171
アナログ音声出力　63
アナログ化　48
アプリ　91
アマゾンプライム　36
アマゾン　ミュージック　26, 36,
　66
アマゾン　ミュージック　アンリ
　ミテッド　70, 73
一体型オーディオ　59
インターネット　17, 86
エムコレクトコントロール
　129
エンコード　86
オーディオ専用NAS　115
音質設定　127
音声ファイル　22
音声ファイルフォーマット　53

【か行】

可逆圧縮　34, 53
拡張現実　189
加算器　50

仮想現実　189
楽曲一覧　93
楽曲単位　75
家庭内LAN　101
家庭内ネットワーク　86
キュー　131
空間オーディオ　184
クラスDアンプ　59
グランドループ　113
減算器　50
広域通信網　109
高解像度音質　26
小型化　57
固定回線　108
コバズ　27

【さ行】

サーバー　22
サブスクリプション　25
サンプリング　32
サンプリング周波数　31
サンプリングレート変換機能
　140
磁気ディスク　114
スイッチ　50
スイッチングハブ　97, 109
ストリーマー　64

さくいん

ストリーミング 23
ストリーミングサービス 25
ストリーミングプロトコル 93
スーパーオーディオCD 21, 35
スペース・オプティマイゼーション 138
スポティファイ 24
ソース 124

【た行】

タイダル 27
タグ情報 40
ダック 48
通信速度 122
定額制Wi-Fiルーター 173
定額制音楽配信 25
デコード 35, 86, 167
デコード機能 64
デジタルアナログ変換 64
デジタルアンプ 59
デジタル化 47
デジタル・コンサートホール 196
データ形式 33
同軸ケーブル 88
同軸デジタル端子 99
トラック単位 75

ドルビーアトモス 184, 186, 197

【な行】

ネットオーディオシステム 85
ネットワークインターフェース 63
ネットワークトランスポート 65, 88
ネットワークプレーヤー 22, 63, 87, 123

【は行】

バイオグラフィー 80
配信プロトコル 93
ハイレゾ 26, 30
ハイレゾリューション・オーディオ 30
パスワード 119
パッケージメディア 16
パッケージメディアシステム 85
ハードディスク 33
ハードディスクドライブ 114
ハブ 101, 109
パルス符号変調 47, 49,

213

パルス密度変調　47, 49, 50
半導体ドライブ　114
非圧縮　52
非可逆圧縮　53
光回線終端装置　105
光ケーブル　88
光デジタル端子　99
標本化　32
ファイル形式　52, 86
ファイルフォーマット　52
復号　35, 52, 86, 167
符号化　35, 46, 86
符号化形式　33
プレイリスト　93
プレイリスト機能　72
ブロードバンド接続　108
分離器　110
ボリューム　135

【ま行】

ミュージック　124
ミュージックサーバー　101,
　114
無線回線　108
メーカー独自のリンク　99
メカドライブ　20
メタデータ　52

メッシュWi-Fi　98, 122
モデム　101, 105
モバイル回線　108

【や行】

安田靖彦　50
有線LAN　98, 119

【ら行】

リコメンド　40
リッピング　21
量子化　49
量子化器　50
量子化ビット数　32
リンレコーズ　18
ルーター　106
ルーン　95, 166
ルーン・コア　168
ルーン・ブリッジ　168
ルーン・リモート　168
ルーン・レディ　168
ローカルサーバー　124
ロスレス　26
ロスレス圧縮　34, 53

さくいん

【わ行】

ワイヤレススピーカー　60

N.D.C.501.24　215p　18cm

ブルーバックス　B-2272

ネットオーディオのすすめ
高音質定額制配信を楽しもう

2024年9月20日　第1刷発行

著者	山之内　正	
発行者	森田浩章	
発行所	株式会社講談社	
	〒112-8001 東京都文京区音羽2-12-21	
電話	出版	03-5395-3524
	販売	03-5395-4415
	業務	03-5395-3615
印刷所	(本文印刷) 株式会社KPSプロダクツ	
	(カバー表紙印刷) 信毎書籍印刷株式会社	
製本所	株式会社国宝社	

定価はカバーに表示してあります。
©山之内　正　2024, Printed in Japan
落丁本・乱丁本は購入書店名を明記のうえ、小社業務宛にお送りください。
送料小社負担にてお取替えします。なお、この本についてのお問い合わせ
は、ブルーバックス宛にお願いいたします。
本書のコピー、スキャン、デジタル化等の無断複製は著作権法上での例外
を除き禁じられています。本書を代行業者等の第三者に依頼してスキャン
やデジタル化することはたとえ個人や家庭内の利用でも著作権法違反です。
®〈日本複製権センター委託出版物〉複写を希望される場合は、日本複製
権センター（電話03-6809-1281）にご連絡ください。

ISBN978-4-06-536560-1

発刊のことば

科学をあなたのポケットに

二十世紀最大の特色は、それが科学時代であるということです。科学は日に日に進歩を続け、止まるところを知りません。ひと昔前の夢物語もどんどん現実化しており、今やわれわれの生活のすべてが、科学によってゆり動かされているといっても過言ではないでしょう。

そのような背景を考えれば、学者や学生はもちろん、産業人も、セールスマンも、ジャーナリストも、家庭の主婦も、みんなが科学を知らなければ、時代の流れに逆らうことになるでしょう。ブルーバックス発刊の意義と必然性はそこにあります。このシリーズは、読む人に科学的に物を考える習慣と、科学的に物を見る目を養っていただくことを最大の目標にしています。そのためには、単に原理や法則の解説に終始するのではなくて、政治や経済など、社会科学や人文科学にも関連させて、広い視野から問題を追究していきます。科学はむずかしいという先入観を改める表現と構成、それも類書にないブルーバックスの特色であると信じます。

一九六三年九月

野間省一

ブルーバックス　趣味・実用関係書（I）

- 35　計画の科学　加藤昭吉
- 733　紙ヒコーキで知る飛行の原理　小林昭夫
- 921　自分がわかる心理テスト　芦原睦／桂戴作＝監修
- 1063　自分がわかる心理テストPART2　芦原睦＝監修
- 1073　へんな虫はすごい虫　安富和男
- 1084　図解　わかる電子回路　見城尚志／高橋久
- 1112　頭を鍛えるディベート入門　松本茂
- 1234　子どもにウケる科学手品77　後藤道夫
- 1245　「分かりやすい表現」の技術　藤沢晃治
- 1273　もっと子どもにウケる科学手品77　後藤道夫
- 1284　理系志望のための高校生活ガイド　鍵本聡
- 1307　理系の女の生き方ガイド　宇野賀津子／坂東昌子
- 1346　図解　ヘリコプター　鈴木英夫
- 1352　確率・統計であばくギャンブルのからくり　谷岡一郎
- 1353　算数パズル「出しっこ問題」傑作選　仲田紀夫
- 1364　理系のための英語論文執筆ガイド　原田豊太郎
- 1366　数学版　これを英語で言えますか？　E・ネルソン／保江邦夫＝監修
- 1368　論理パズル「出しっこ問題」傑作選　小野田博一
- 1387　「分かりやすい説明」の技術　藤沢晃治
- 1396　制御工学の考え方　木村英紀
- 1413　『ネイチャー』を英語で読みこなす　竹内薫

- 1420　理系のための英語便利帳　倉島保美／榎本智子　黒木博＝絵
- 1443　「分かりやすい文章」の技術　藤沢晃治
- 1478　「分かりやすい話し方」の技術　吉田たかよし
- 1493　計算力を強くする　鍵本聡
- 1516　競走馬の科学　JRA競走馬総合研究所＝編
- 1520　図解　鉄道の科学　宮本昌幸
- 1536　計算力を強くするpart2　鍵本聡
- 1552　「計算力」を強くする　加藤昭吉
- 1553　図解　つくる電子回路　加藤ただし
- 1573　手作りラジオ工作入門　西田和明
- 1596　理系のための人生設計ガイド　坪田一男
- 1623　「分かりやすい教え方」の技術　藤沢晃治
- 1629　計算力を強くする　完全ドリル　鍵本聡
- 1630　伝承農法を活かす家庭菜園の科学　木嶋利男
- 1653　理系のための英語「キー構文」46　原田豊太郎
- 1660　図解　電車のメカニズム　宮本昌幸＝編著
- 1666　理系のための「即効！」卒業論文術　中田亨
- 1671　図解　橋の科学　土木学会関西支部＝編　田中輝彦／渡邊英一＝他
- 1676　理系のための研究生活ガイド　第2版　坪田一男
- 1688　武術「奥義」の科学　吉福康郎
- 1695　ジムに通う前に読む本　桜井静香

ブルーバックス　趣味・実用関係書 (Ⅱ)

番号	タイトル	著者
1696	ジェット・エンジンの仕組み	吉中司
1707	「交渉力」を強くする	藤沢晃治
1725	魚の行動習性を利用する釣り入門	川村軍蔵
1773	「判断力」を強くする	藤沢晃治
1783	知識ゼロからのExcelビジネスデータ分析入門	住中光夫
1791	卒論執筆のためのWord活用術	田中幸夫
1793	論理が伝わる　世界標準の「書く技術」	倉島保美
1796	「魅せる声」のつくり方	篠原さなえ
1813	研究発表のためのスライドデザイン	宮野公樹
1817	東京鉄道遺産	小野田滋
1847	論理が伝わる　世界標準の「プレゼン術」	倉島保美
1864	科学検定公式問題集　5・6級	桑子研／監修
1868	山に登る前に読む本	能勢博
1877	基準値のからくり	村上道夫／岸本充生／永井孝志／小野恭子
1882	科学検定公式問題集　3・4級	桑子研／監修
1895	「育つ土」を作る家庭菜園の科学	木嶋利男
1900	「ネイティブ発音」科学的上達法	藤田佳信
1910	研究を深める5つの問い	宮野公樹
1914	理論が伝わる　世界標準の「議論の技術」	倉島保美
1915	理系のための英語最重要「キー動詞」43	原田豊太郎
1919	「説得力」を強くする	藤沢晃治
1926	SNSって面白いの？	草野真一
1934	世界で生きぬく理系のための英文メール術	吉形一樹
1938	門田先生の3Dプリンタ入門	門田和雄
1947	50ヵ国語習得法	新名美次
1948	すごい家電	西田宗千佳
1951	研究者としてうまくやっていくには	長谷川修司
1958	理系のための法律入門　第2版	井野邊陽
1959	燃料電池自動車のメカニズム	川辺謙一
1965	理系のための論理が伝わる文章術	成清弘和
1966	サッカー上達の科学	村松尚登
1967	図解　世の中の真実がわかる「確率」入門	小林道正
1976	不妊治療を考えたら読む本	浅田義正／河合蘭
1987	怖いくらい通じるカタカナ英語の法則　ネット対応版	池谷裕二
1999	カラー図解　Excel「超」効率化マニュアル	立山秀利
2005	ランニングをする前に読む本	田中宏暁
2020	「香り」の科学	平山令明
2038	城の科学	萩原さちこ
2042	日本人のための声がよくなる「舌力」のつくり方	篠原さなえ
2055	理系のための英語の「実戦英語力」習得法	志村史夫
2056	新しい1キログラムの測り方	臼田孝
2060	音律と音階の科学　新装版	小方厚

ブルーバックス　趣味・実用関係書(Ⅲ)

2064	世界標準のスイングが身につく科学的ゴルフ上達法	板橋　繁
2089	心理学者が教える　読ませる技術　聞かせる技術	海保博之
2111	作曲の科学	フランソワ・デュボワ 井上喜惟=監修 木村彩=訳
2113	世界標準のスイングが身につく科学的ゴルフ上達法　実践編	板橋　繁
2118	偏微分編	後藤道夫
2120	子どもにウケる科学手品　ベスト版	斎藤恭一
2131	道具としての微分方程式	能勢　博
2135	ウォーキングの科学	久木留　毅
2138	アスリートの科学	更科　功
2149	理系の文章術	播田安弘
2151	日本史サイエンス	川越敏司
2158	「意思決定」の科学	佐倉　統
2170	科学とはなにか	大隅典子 大島まり 山本佳世子
	理系女性の人生設計ガイド	

BC07	ChemSketchで書く簡単化学レポート	平山令明
	ブルーバックス12cm CD-ROM付	

ブルーバックス　技術・工学関係書（I）

- 495　人間工学からの発想　小原二郎
- 911　電気とはなにか　室岡義広
- 1084　図解 わかる電子回路　見城尚志/高橋久
- 1128　原子爆弾　山田克哉
- 1236　図解 飛行機のメカニズム　柳生一
- 1346　図解 ヘリコプター　鈴木英夫
- 1396　制御工学の考え方　木村英紀
- 1452　流れのふしぎ　石綿良三/根本光正=著　日本機械学会=編
- 1469　量子コンピュータ　竹内繁樹
- 1483　新しい物性物理　伊達宗行
- 1520　図解 鉄道の科学　宮本昌幸
- 1545　図解 高校数学でわかる半導体の原理　竹内淳
- 1553　図解 つくる電子回路　加藤ただし
- 1573　手作りラジオ工作入門　西田和明
- 1624　コンクリートなんでも小事典　土木学会関西支部=編　井上晋=他
- 1660　図解 電車のメカニズム　宮本昌幸=編著
- 1676　図解 橋の科学　土木学会関西支部=編　田中輝彦/渡邊英一=他
- 1696　図解 ジェット・エンジンの仕組み　吉中司
- 1717　図解 地下鉄の科学　川辺謙一
- 1797　古代日本の超技術 改訂新版　志村史夫
- 1817　東京鉄道遺産　小野田滋

- 1845　古代世界の超技術　志村史夫
- 1866　暗号が通貨になる「ビットコイン」のからくり　吉本佳生
- 1871　アンテナの仕組み　小暮裕明/小暮芳江
- 1879　火薬のはなし　松永猛裕
- 1887　小惑星探査機「はやぶさ2」の大挑戦　山根一眞
- 1909　飛行機事故はなぜなくならないのか　青木謙知
- 1938　門田先生の3Dプリンタ入門　門田和雄
- 1940　すごいぞ！身のまわりの表面科学　日本表面科学会
- 1948　すごい家電　西田宗千佳
- 1950　実例で学ぶRaspberry Pi電子工作　金丸隆志
- 1959　図解 燃料電池自動車のメカニズム　川辺謙一
- 1963　交流のしくみ　森本雅之
- 1968　脳・心・人工知能　甘利俊一
- 1970　高校数学でわかる光とレンズ　竹内淳
- 2001　人工知能はいかにして強くなるのか？　小野田博一
- 2017　人はどのように鉄を作ってきたか　永田和宏
- 2035　現代暗号入門　神永正博
- 2038　城の科学　萩原さちこ
- 2041　時計の科学　織田一朗
- 2052　カラー図解 Raspberry Piではじめる機械学習　金丸隆志

ブルーバックス　技術・工学関係書（Ⅱ）

2056	新しい1キログラムの測り方	臼田孝
2093	今日から使えるフーリエ変換　普及版	三谷政昭
2103	我々は生命を創れるのか	藤崎慎吾
2118	道具としての微分方程式　偏微分編	斎藤恭一
2142	ラズパイ4対応 カラー図解 最新Raspberry Piで学ぶ電子工作	金丸隆志
2144	5G	岡嶋裕史
2172	スペース・コロニー 宇宙で暮らす方法	向井千秋 監修 東京理科大学スペース・コロニー研究センター 編著
2177	はじめての機械学習	田口善弘

ブルーバックス　パズル・クイズ関係書

921	論理パズル100	小野田博一
1063	子どもにウケる科学手品　ベスト版	後藤道夫
1353	トポロジー入門	都築卓司
1366	世界の名作　数理パズル100	中村義作
1368	超絶難問論理パズル	小野田博一
1419	傑作！　物理パズル50	ポール・G・ヒューイット“編訳　松森靖夫“編訳
1423	クイズ　植物入門	田中修
1453	大人のための算数練習帳　図形問題編	佐藤恒雄
1474	史上最強の論理パズル	小野田博一
1720	パズルでひらめく　補助線の幾何学	中村義作
1833	論理パズル「出しっこ問題」傑作選	小野田博一
2039	数学版　これを英語で言えますか？	エドワード・ネルソン“監修　保江邦夫“監修
2104	算数パズル「出しっこ問題」傑作選	仲田紀夫
2120	自分がわかる心理テストPART2	芦原睦“監修　戴作“
2174	自分がわかる心理テスト	桂戴作“監修　芦原睦“